算数・数学の面白小話

岡澤　宏

東京図書出版

はじめに

僭越ながら、算数・数学に携わるすべての先生方、特に若い先生方に、私のこれまでの実践や研修等で仕入れた事例などお伝えしてその面白さに共感していただき、その中から少しでも参考となることがあれば、これ以上の喜びはないと思っております。

これからの自分にできることを考えたとき、算数・数学のことならば、少しはお役に立つことがあるのではと思いました。飽きっぽい私が仕事とはいえ、これまで算数・数学を30年以上続けてこられたのも、算数・数学の面白さを実感し、真から楽しいと思えたからです。その算数・数学の楽しさや醍醐味を、少しでも多くの子どもたちや先生方と共有できたらと考えております。

ここに掲載する小話は、実際の授業での場面だったり、オリジナルのアイデアもありますが、その殆どがこれまで読んだ書籍や研修会等で仕入れたものがもとになっています。ただ、そのどれもが私自身が実際に体験し「これは面白い！」と思ったものだけを取り上げています。ですから、自信をもってお伝えできるものばかりです。

ただ、内容が断片的であったり、偏りがあったりするかもしれません。「え、どこが面白いの？」と思われる方もいらっしゃるかもしれません。取り上げた事例の一つでも共感していただき、「これは、面白そうだ。自分でもやってみたい」と思っていただけたら、これ以上の喜びはありません。

幸いなことに、現在も算数・数学の授業に携わることができています。ですから、授業の中で「これは面白い！」と思ったことは、これからもどんどん取り上げていきたいと思っています。この小話集は完結したものではなく、現在進行形です。ご意見ご感想等がございましたら遠慮なくお話しください。また、面白いお話がございましたらご紹介ください。

読んでいただいた方に、一つでも「これは面白い！」と言っていただけるよう、できるだけ楽しい小話にして、その一つ一つを積み重ねていきたいと思っております。お時間の空いたときにでも、お付き合いいただけると嬉しいです。

2022年２月10日

岡澤　宏

目　次
contents

小話1　白鳥が12羽並ぶのは、いつ？

「場合分け」「時間単位の換算」

100年に１度の日です。
白鳥が12羽並ぶ時刻がきます。
さて、それはいつでしょうか？

子どもたちに、少し時間をとって考えさせてもいいですね。もし、気が付いた子がいたら、その子に説明してもらいましょう。

そうです。**2022年２月22日22時22分22秒**が、その時です。２が12個並びます。この記録を超えて、２が13個並ぶのは？　そうです。ちょうど200年後です。

では、その他に同じ数が並ぶのは、どんな時刻があるのでしょうか？そんな疑問が生まれます。ぜひ、こうした疑問を持つ子を育てていきたいものですね。

2022年以前でしたら、

2011年11月11日11時11分11秒（１が12個）
2021年11月11日11時11分11秒（１が11個）

が、ありました。
同じ数が12個以上並ぶためには、月で11月以外は２月のみで１個、日以下で８個、すると西暦では３個以上でなければなりませんね。

西暦が2222年以前で３個以上の場合は、2111、2122、2202、2212、2220、2221で、次の①～⑥の６つのパターンのみです。

①	2111年	11月11日11時11分11秒	**1が13**（3＋10）
②	2122年	02月22日22時22分22秒	2が12（3＋9）
③	2202年	〃	2が12（3＋9）
④	2212年	〃	2が12（3＋9）
⑤	2220年	〃	2が12（3＋9）
⑥	2221年	〃	2が12（3＋9）
	2222年	02月22日22時22分22秒	**2が13**（4＋9）

上記のように、現在から200年経過する前に、同じ数字が12個以上並ぶのは6回のみです。1が13個並ぶのは89年後、2が13個並ぶのは200年後になります。今生きている人の中で、さて何人が経験できるでしょうか。

ですから、この日は貴重な一日になるわけです。

33日や33時はないので、私たちが生きている間に、同じ数が12個以上並ぶのは、この日が最後となります。そう考えたら、この瞬間をぜひ記録に残したいと思うようになりました。ところが、気付いたときには、当日までの日数が残りわずかになっていました。

早速、西暦と月が表示されるデジタル時計をネットで見つけ出し、購入することにしました。

ようやく注文ができた後も、当日までに時計が届くか心配で、はらはらドキドキでした。ようやく届いた後も、今度は撮影のタイミングを誤ったらと不安になってしまい、結局、撮影は多少画質が心配でしたが、カメラ撮影ではなくビデオ録画し、その瞬間を切り取ることにしました。

撮影に至るまでのこうしたドタバタ劇を間近で見ていた家族は、半分あきれ顔でした。確かに、この瞬間のために、わざわざ時計を購入して撮影をした人が、何人いたことでしょうか。そう多くないことは、私の家族の反応からも明らかでした。

この写真を見ると、光の反射の関係でやや見にくいところがありますが、どうにか無事記録に残すことができました。

確かに2022年2月22日22時22分22秒の表示を見て取ることができます。残念ながら、気温と湿度のどちらも22℃や22％ではありませんでした。後で、妻から「室温も22℃にできたらよかったね」と、ごもっともな指摘がありました。時刻ばかりに気をとられてしまい、詰めが甘かったようです。

折角、購入した時計でしたので、これだけではもったいないと考え、その他に「とっておきの時刻」はないのか、考えてみることにしました。

まず、「**12時34分56秒**」です。これは、毎日見られるので面白くありません。「**令和10年10月10日10時10分10秒**」は、いかがでしょうか。10が6個も続き、面白いですね。でも、これには新たに年号を示す時計が必要になります。それでは、「**2110年10月10日10時10分10秒**」だったら、どうでしょうか。今から88年待たなければなりません。とても待ちきれません。

デジタル時計を前に、これからどんな数字の並びを見せてくれるのか、思い巡らすのも面白いと思いませんか。

このような遊び心が、この面白小話作りのきっかけとなりました。ですから、ここでの話は数学的に価値あるものというよりも、まず面白さや楽しさを一番にしているので、気軽に読んでいただけたらと考えております。

小話2　うるう年は、なぜあるの？

「時間の換算」「場合分け」

うるう年は、なぜあるの？

※うるう年とは、４年に１度、２月が28日から１日多い29日になる年のことを言います。

（今回は、先生Ｔと生徒Ｃのやり取りで、話を進めます）

Ｔ：地球が太陽の周りを回っているの、知っていますか？
Ｃ：知っています。
Ｔ：では、１周するのにかかる日数は？
Ｃ：１年だから、365日です。
Ｔ：そうですね。でも正確には、365日と５時間48分46秒かかるそうです。だから、地球がもとの場所にちょうど戻るには、５時間48分46秒足りません。
　このままだと、どんなことになると思いますか？
Ｃ：このままだと、毎年、日付と地球の位置がずれていくことになります。
Ｔ：そうです。１年がたって地球の位置がずれ、また１年がたつとさらに地球の位置がずれていきます。これを繰り返していくと、どうなるでしょう？
Ｃ：……？
Ｔ：想像しにくいかもしれませんが、季節が逆戻りして元旦が秋のような陽気になって、いつの日か夏のような季節になってしまいます。元旦にスイカを食べるようになったら大変ですね。そうならないために調整が必要になります。
　実際には、４年に１度、うるう年として２月28日の次の日に29日を設け、１日多くして調節しているのです。

C：なぜ、４年に１度なんですか？（こうした疑問を持てる子にしたいものです）

T：いい質問です。これは、ずれが大きく関係しています。実際は、１年に５時間46分48秒のずれがあります。なので、４年間では４倍になりますね。では、どうなりますか？　計算してみましょう。

C：５時間48分46秒なので、

５時間×４　　＝20時間

46分×４　　＝184分

　　　　　　　＝３時間４分

48秒×４　　＝192秒

　　　　　　　＝３分12秒

合計　　　　　23時間７分12秒

T：正解です。

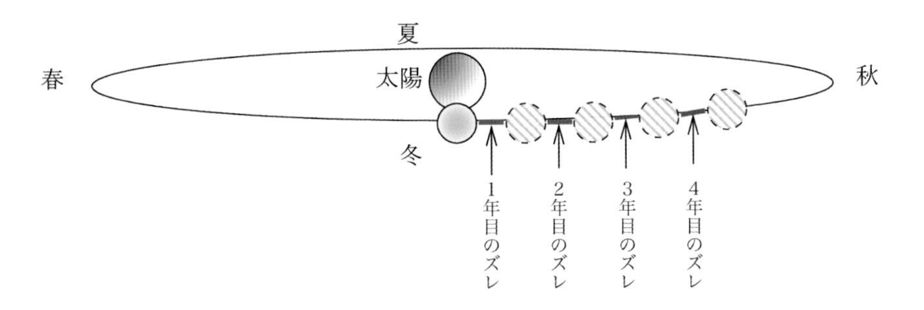

このように、４回でほぼ１日になります。0.2422日×４＝0.9688日

ほぼ１日のずれ↑

それでも、わずか0.0312日のずれがあります。さらに修正するために、100年単位で調整するようです。関心のある方は、調べてみましょう。

小話3　もう一度やりたくなる問題とは？

「10のまとまり」

1度やったら、もう1度やりたくなる問題です。
さて、これを聞いて、どんな問題を想像しますか？

この問題（ワークシート）は、私が尊敬するあの有名な坪田耕三先生が、考案されたものです。それを勝手に（より10を作りやすいように）数字の配列を変えただけのものです。次頁のワークシートをご覧ください。

ルールは簡単で、ただ10のまとまりを線で囲むというものです。やってダメなのは「重複」と「斜めでの囲み」だけです。その上で、10のまとまりを囲い、そのできた数を競い合います。

随分昔のことで、これを知ったのがいつか忘れましたが、それ以来、計算の基礎となる10のまとまりを楽しく学ぶ際、私の一押しのワークシートになっています。今でも、小学校の低学年の学級に填補に行くときには、必ず用意しています。

中学生にも実施してみましたが、どの子も夢中になって取り組んでいました。答えが1つでなく、いろいろなやり方があり、よりたくさん作ろうとすると、そう簡単にはいきません。誰でも簡単に取り組め、ゲーム感覚で遊びながら10の合成分解を学べるところが、このシートの最大のポイントだと思います。

先日、急きょ、小学生２人の特別支援学級の填補を依頼され、早速、このワークシートを活用してみました。ルールを理解すると、すぐにゲーム感覚で取り組み始めました。いくつできたのか確認し、互いに競い合っていました。当然、１回では終わらず、２枚３枚とワークシートを要求してきました。夢中になって取り組み、あっという間に時間が過ぎてしまいました。

２人のうち１人のＲさんが、「家でもやりたい」と言うので、追加で用紙を渡すと、次の日、そのワークシートを持ってきました。それが下のシートです。昨日は29個だったのが34個できていました。現在、Ｒさんの記録が最高記録です。皆さんも、このＲさんの34個を超える記録に挑戦してみては、いかがでしょうか。Ｒさんのワークシートから見られる「10の合成」の例を書き上げると、

２組……１＋９、２＋８、３＋７、４＋６
３組……２＋４＋４、１＋４＋５、２＋２＋６、２＋３＋５、１＋１＋８、１＋２＋７、１＋３＋６、３＋３＋４
４組……１＋１＋４＋４、１＋３＋３＋３、１＋１＋３＋５

このワークシートだけでも、10を15通りもの見方ができています。これは、数の多様な見方を育てる意味でも効果があると言えます。

【実際に活用したワークシート】

あわせて（　　）になるよう，○でかこみましょう。

たくさん作れるバージョン　なまえ（　　　　　　）

1	3	1	5	4	0	9	0	8	2
4	6	5	0	9	1	8	1	1	9
1	9	7	1	2	9	0	2	9	2
3	2	0	6	2	6	3	7	4	4
7	8	2	2	3	4	2	6	2	3
6	3	1	8	3	1	7	4	8	3
4	7	3	4	0	5	9	1	2	1
8	9	7	9	1	2	1	3	6	3
1	1	4	2	0	3	7	2	3	1
3	4	1	1	8	5	2	6	2	5

いくつ　できたかな？　　できた数は（　　　）こ

【34個を記録したＲさんのワークシート】

あわせて（10）になるよう，○でかこみましょう。

1/26

たくさん作れるバージョン　なまえ（　　　　　　）

1	3	1	5	4	0	9	0	8	2
4	6	5	0	9	1	8	1	1	9
1	9	7	1	2	9	0	2	9	2
3	2	0	6	2	6	3	7	4	4
7	8	2	2	3	4	2	6	2	3
6	3	1	8	3	1	7	4	8	3
4	7	3	4	0	5	9	1	2	1
8	9	7	9	1	2	1	3	6	3
1	1	4	2	0	3	7	2	3	1
3	4	1	1	8	5	2	6	2	5

いくつ　できたかな？　　できた数は（34）こ

小話４　角数を増やしてみたら？

「立体図形」

いきなりですが、問題です。
正四角柱の底辺の１辺とねじれの位置にある辺は、全部で何本でしょう？　答えは、４本です（右図）。
正解！
これで終わっては、面白くないと思いませんか？

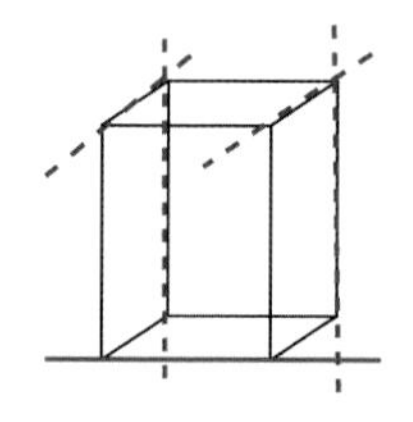

ご存じのように、中学１年生の立体図形の学習で、直線と平面のそれぞれの位置関係について学習します。「平行」「垂直」「交わる」は、なじみがありそうですが、「ねじれの位置」については、どうでしょうか？

このねじれの位置は、２直線が「平行でもなく、交わることもない直線」なので、最初に平行の位置から一方の直線を少しねじれば完成します。やや分かりにくいため、間違ってしまう生徒も少なくありません。よく問題は、上記のように出題されることがあります。

さて、この問題の答えは４本ですが、これで終わってしまっては、何も面白さを感じませんね。そこで、以下のように問題を追加してみてはいかがでしょうか？

次の正○角柱の底面の１辺とねじれの位置にある辺は、全部で何本でしょう？

〈難問〉

- 正五角柱では？　（　　）本
- 正六角柱では？　（　　）本
- 正十五角柱では？　（　　）本
- 正二十角柱では？　（　　）本

早速、中学１年生の数学担当の新採のＫ先生に提案してみました。すると、廊下ですれ違った際に、目を輝かせ「先生、できました！」と、声をかけていただきました。その場で、すぐに問題の解説をお聞きすると、見事な説明でした。

Ｋ先生の目の輝きに「分かった」ときの瞬間が、容易に想像できました。きっと、発見したことが嬉しく、すぐに説明をしたい思いが、高まっていたのでのはないでしょうか。

生徒も同じだと思います。自分で規則性を見出したり、新たな発見をしたとき、すぐに友だちに話をしたくなるはずです。こうして、これまで気付かなったことが分かったとき、共に学ぶ楽しさを味わえるのではないでしょうか。

【Ｋ先生の説明】

正 n 角柱の底面の１辺と、「縦の辺」で、ねじれの位置にあるのは底面の１辺といつも両端で２本交わるので、$n-2$本。

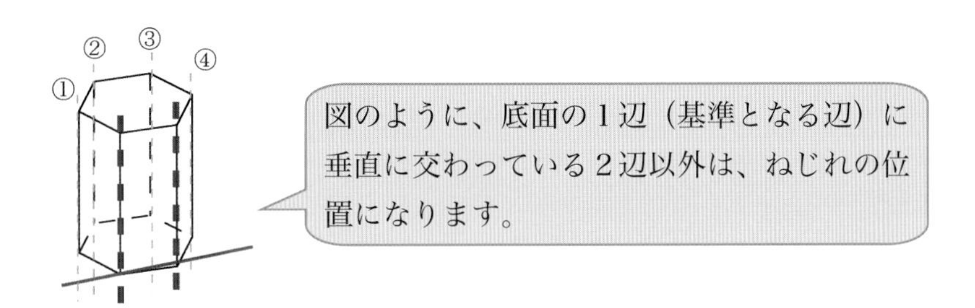

「上の面の各辺」の中で、ねじれの位置にあるのは n が奇数のときと偶数のときに分かれます。

n が偶数のときは、必ず２本が平行となるので、$n-2$本となります。

n が奇数のときは、底面の１辺と平行となるのは、真上の辺だけなので

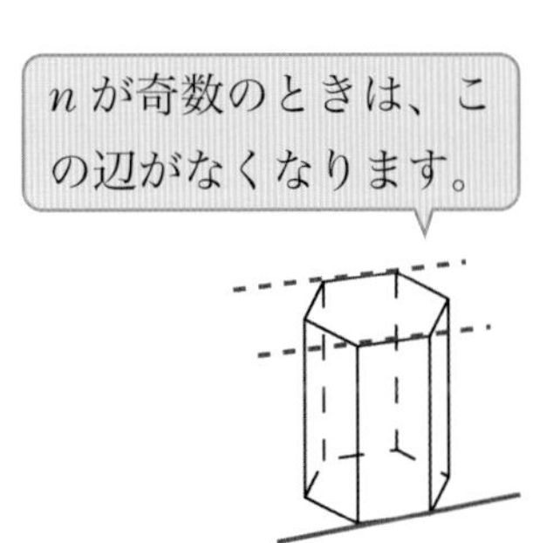

$n-1$本となります。

以上から、

$$\text{角数が偶数のとき}\quad (n-2)+(n-2)=2n-4\ (\text{本})$$
$$\text{奇数のとき}\quad (n-2)+(n-1)=2n-3\ (\text{本})$$

さすが、K先生です。場面の構造を正しく理解し、演繹的に導いた見事な説明でした。

【帰納的に考えた説明の例】

角数	3	**4**	5	**6**	7	**8**	9	**10**	11……
本数	3	**4**	7	**8**	11	**12**	15	**16**	19……

上記のような表を作り、帰納的に答えを導き出すこともできます。

角数が偶数だけに注目すると、

角数	4	6	8	10	12	14	16	18	20
本数	4	8	12	16	20	24	28	32	36

角数が奇数だけに注目すると、

角数	3	5	7	9	11	13	15
本数	3	7	11	15	19	23	27

やや複雑に見えますが、このように規則性を見出すことができたら素晴らしいですね。大いに讃えてあげましょう。いずれも4ずつ増加しています。変化する数値の中に、このような変わらないものを見出す力は、大切にしていきたいものです。

さらに、K先生のように演繹的に考えて場面の構造まで理解できると、面白さが増してくるのではないでしょうか。

今回は、正四角柱の問題から、
「角数を増やしてみたら、どうなるのだろうか？」
そんな疑問から、問題を発展させることができました。

実際、K先生が授業を行ってみたそうです。分かった子が、懸命に説明していたと伺いました。もちろん、K先生のように簡潔に説明できたわけではなかったと思いますが、互いに考えを共有できたこと、また、少し条件を変えるだけで、新たな問題が作れることを実際に体験できたことは、本当に貴重だったと思います。

ぜひ、問題を解いたらそれで終わりではなく、「新たな問題が作れないかな？」と、子どもたちと一緒に考えてみてはいかがでしょうか。また、面白い発見があるかもしれません。

小話5　ゆがんだコインでもOK！

「確率」

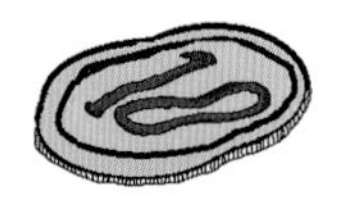

> ゆがんだコインでも、２分の１の確率で公平に勝敗を決められる！
> さて、どんな方法か分かりますか？

よくサッカーで審判がコインを使いますが、このコインがゆがんでいたら、当然使えませんね。でもある方法を使うと、ゆがんだコインを使っても公平に白黒付けられ、誰もが納得できてしまうのです。さて、どんなやり方なのか分かりますか？

確率の勉強をした人なら、納得のいく方法だとすぐに分かります。
それでは解説です。

仮に、このゆがんだコインの表が出る確率を p とします。
すると、裏が出る確率は $1-p$ となりますね。

ゆがんだコインを２回投げます。その出方は４通りで、それぞれが出る確率を式で表すと、以下のようになります。

(表、表)	(表、裏)	(裏、表)	(裏、裏)
$p \times p$	$p \times (1-p)$	$(1-p) \times p$	$(1-p) \times (1-p)$

ここでお気付きかもしれません。(表、裏)(裏、表)が出る確率が等しいのが分かります。そこで(表、裏)(裏、表)のどちらかを選びます。コインを投げて、もし(表、表)または(裏、裏)が出たら、仕切り直しをして(表、裏)か(裏、表)が出るまで行います。

例えば、最初にＡさんが（表、裏）、Ｂさんが（裏、表）を選んだとします。

仮に、１回目が表だとします。すると、２回目に裏が出たらＡさんの勝ちですね。ですから、Ａさんは２回目に裏を、一方Ｂさんは表が出ることを願います。Ｂさんは２回目に表が出れば、仕切り直しにできるからです。

逆に、１回目が裏だとしたら、２回目に表が出たらＢさんの勝ちです。ですから、Ａさんは２回目に裏が出ることを願います。

想像すると、１回で決まらないだけにはらはらドキドキ感があって、面白そうですね。また、確率を式で表すと、すぐに納得できる話ですよね。学んだことを活用できるよさを感じられることでしょう。確率の学習をした後に話題にすると、面白いと思いますが、いかがでしょうか。

※ YouTube で紹介されていたものを見て、これは面白いと思い取り上げてみました。

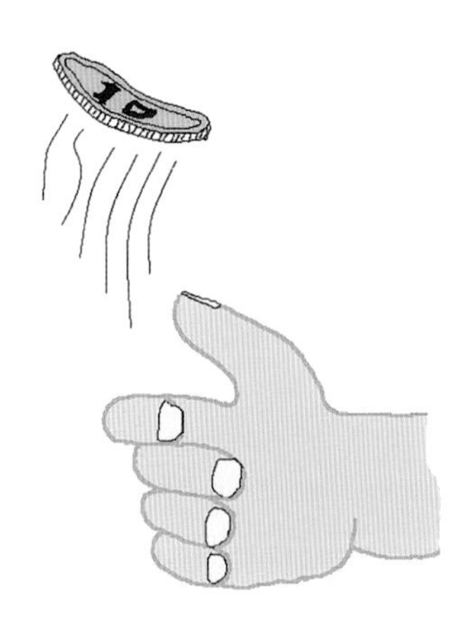

小話6　同じ誕生日は奇跡？

「確率」

35人のクラスに同じ誕生日の人が、少なくとも1組以上いる確率は？
　ア　10%以下　　イ　約50%　　ウ　80%以上

先日、職員集会で職員の誕生月のお祝いがありました（毎月の恒例行事となっている)。お2人の先生の誕生日が同じで、「奇跡！」との発言がありました。果たして奇跡と言っていいのでしょうか？　疑問に思った数学専門のY先生のつぶやきが聞こえてきました。

そこで、1クラス35人の子どもたちの誕生日で考えてみましょう。上のア、イ、ウのどれだと思いますか？　なんと答えは、ウの80%以上になります。アの10%以下と考えた方は、自分を基準に、自分と同じ誕生日と考えたからではないでしょうか。一緒なのは35人の中の誰であってもいいのです。

例えば、今、間口の広さがちょうど1個のボールが入るくらいの箱を365個、床に敷き詰めて、上から35個のボールを落としたとします。このとき、35個のそれぞれのボールが皆別々の箱に収まることの方が、はるかに難しいとは思いませんか。1つの箱に2つ以上入ることの方が、自然だと思いませんか。もちろん、ボールの数が箱の数より多い366個だったら、間違いなく100%ですね。

それでは、確率を計算で確かめてみましょう。

まず、求める確率でない場合を考えます。つまり、35人が皆別々の誕生日である場合の確率です。

$$\frac{364}{365}\times\frac{363}{365}\times\frac{362}{365}\times\cdots\cdots\times\frac{331}{365}=0.1856...$$

となります。

求める確率は、これとは全く違う場合の確率になるので、1から引いて、

$$1-0.1856...=0.814383...$$

少なくとも1組が同じ誕生日になる確率は、約81%となります。

ちなみに、23人では約50.7%ですから、確率的には半々と言えます。こうして、23人を超えると、同じ誕生日の人がいる確率の方が、高くなっていきます。366人はおろか70人では、なんと約99.9%の確率になります。ほぼ、間違いなく誕生日が一致する人がいるということです。逆に、70人が全く重なりなく、皆がすべて違う誕生日だったら、すごいことですね。「これぞ奇跡！」と言えるのではないでしょうか。

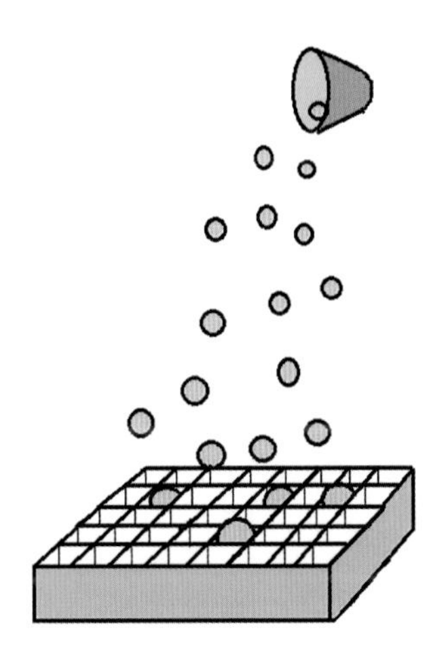

小話７　計算で「今日の運勢」を占う？

「わり算」

「あなたの今日の運勢を計算で占ってみよう」
計算で占いができたら、単なる計算問題にならず、子どもたちのモチベーションが高まること間違いなしです！

※今回も先生Ｔと生徒Ｃのやり取りで、話を進めます。

Ｔ：今日の運勢を占ってみましょう。それでは、３桁の数字を思い浮かべてください。
それがあなたのラッキーナンバーになります。

Ｃ：先生、３桁の数字なら何でもいいのですか？

Ｔ：はい。３桁の数字なら、どんな数でもいいです。例えば、114のように、同じ数が入ってもいいです。ちなみに114は、先生の高校入試の受験番号でした。語呂合わせで114を「イイヨ、イイヨ、……」と、不安で何度も唱えていたのを思い出します。

Ｃ：先生、合格したの？

Ｔ：お陰様で、無事合格しました。それはさておき、話を進めます。選んだ数字が114だったら、114の後にまた同じ３桁の数字（114）をつなげ、６桁の数字を作ります。114114（十一万四千百十四）のようになります。
次に、この６桁の数字を７で割ります。114114÷７の計算をします。このわり算で、みごと割り切れたらラッキー、大吉です。もし、あまりが出たら残念ということになります。しかも、そのあまりが、大きければ大きいほど、アンラッキー、凶になります。

Ｃ：７で割るのだから、あまりは、１、２、３、４、５、６のどれかになるので、６は残念ながら大凶ということですね。

T：さあ、今日の運勢は？　大吉だったらいいね。それでは、始めてみましょう。

子どもたちは先生が「さあ、始めましょう！」と言う前に、計算を始めていることでしょう。間もなくあちこちで「やったー。割り切れた！」「大吉だ！」と声が上がり始めます。

そうです。この計算は、どんな3桁の数字を持ってきても、計算を間違えなければ、必ず割り切れるようになっているのです。不思議ですね。中には、あまりが出てしまったとがっかりしている子もいます。そんな子には、もう一度見直しするよう話をします。すると、しっかり割り切れていることに気が付きます。

ここまでくると、ネタバレです。「な〜んだ。どの数でも割り切れるんだ。先生の嘘つき」となります。そこで、「計算を間違えなかったことが、幸運ということ」と苦しい言い訳をすることになりますが、それ以上に、殆どの子はこの不思議な計算に関心を持ち始めます。中には、本当にいつも成り立つのか、別な数字で確かめる子がいます。そんな子を見かけたら、すぐに褒めてあげましょう。そういうものだと納得してしまう子も多い中、自分でしっかり確かめる姿勢は、大いに評価してあげたいものです。

ここで、終わりにしたいところですが、もし、中学生であれば「なぜ、いつも7で割り切れるのか」、ぜひ、文字を使った説明に挑戦させたいものです。

【文字を使った説明の例】

最初に選んだ3桁の整数を、

$100a+10b+c$（a, b, c は整数、ただし $a \neq 0$）

とします。すると、同じ数字を並べた6桁の整数は、一方を1000倍して加えます。

$$
\begin{aligned}
&(100a+10b+c)\times1000+(100a+10b+c)\\
&\quad=100000a+10000b+1000c+100a+10b+c\\
&\quad=100100a+10010b+1001c\\
&\quad=\underset{\sim\sim\sim}{1001}\times(100a+10b+c)\\
&\quad=\underset{\sim\sim\sim\sim}{7\times143}\times(100a+10b+c)
\end{aligned}
$$

1001は、7の倍数となっているため、よって、6桁の整数はいつも7の倍数となっていることが分かります。以上が、文字を使った説明になります。

ところで、143に注目すると、7の他に11や13でも割り切れることが分かります。

$$
\begin{aligned}
1001&=7\times\underset{\sim\sim}{143}\\
&=7\times\underset{\sim\sim\sim}{11\times13}
\end{aligned}
$$

新たな発見に繋がりました。

次に、どんなことを考えますか？
最初の3桁の整数を「4桁、5桁……」と桁数を増やしたら、どうでしょう？　いつでも割り切れる数は、見つかるでしょうか？

キーポイントになるのは、以下の数字です。

101は、素数（約数が1と101だけ）		（例）
1001＝7×11×13	3桁×2の整数	123123÷**7**＝17589 123123÷**11**＝11193 123123÷**13**＝9471

10001＝73×137	4桁×2の整数	12341234÷**73**＝169058 12341234÷**137**＝90082
100001＝11×9091	5桁×2の整数	1234512345÷**11**＝112228395 1234512345÷**9091**＝135795

73や11で割り切れるのはいいのですが、２桁の数字でわり算するのは、さすがに負担です。

１桁で割れる場合は、他にないのでしょうか？

０の数を増やしていき、１桁で割れる数を見つけることができれば、いいのですが……。

次の1000001は、素数？　もし約数を持つとすれば、どんな数でしょう？　関心のある方は、調べてみてはいかがでしょうか？

一方、見方を変えて同じ数字を２つ繋げるのではなく、３つ繋げてみたらどうでしょうか？　例えば、２桁の整数なら、121212や232323などです。では、やってみましょう。

２桁の整数を$10a+b$（a、bは整数、ただし$a \neq 0$）とします。すると、

$$
\begin{aligned}
&10000(10a+b)+100(10a+b)+10a+b \\
&\quad = 10101(10a+b) \\
&\quad = 3\times7\times13\times37\times(10a+b)
\end{aligned}
$$

となります。

同じ数が３つ繋がれば、それぞれの位の数字の和が３の倍数となるため、３で割りきれるはずです。確かに、キーとなる10101からも確認できます。さらに、１桁の数では７でも割りきれることが分かります。これは、新たな発見です。

すると、３桁の整数を２つ繋げても２桁の整数を３つ繋げても、どちらも７で割りきれ、共に６桁のわり算の練習に使えそうです。

小話8　子どもからの挑戦状！

「筆算」

【問題】

<table>
<tr><td>①</td><td>AB
＋　C
BA</td><td>②</td><td>AE
＋　E
BD</td><td>③</td><td>A
B
C
D
＋　E
BD</td><td>①、②、③が同時に成り立つとき、A～Eに当てはまる数字を求めなさい。</td></tr>
</table>

これは、今授業に出ている中学1年生のA君から突然「先生、この問題できますか？」と挑戦状を突き付けられた問題です。いわゆる覆面算と言われる問題です。

試行錯誤しながら解くこともできる問題ですが、A君には申し訳ないと思いながら、まだ学習していない文字式を使って考えてみました。

(解答)

A～Eの数字を小文字を使って、①～③を式で表すと、

①より、

$(10a+b)+c=10b+a$

$c=9(b-a)$

よって、

$b-a=1$ ……………………………………………… ア

もし、$b-a\geqq 2$だったら、cは2桁の数字になってしまうため。

したがって、

$c=9$ ……………………………………………… イ

②より、

$$(10a+e)+e=10b+d$$

$$10(b-a)=2e-d$$

アより、

$$10=2e-d$$

$$d=2e-10 \text{ ……………………………………………… ウ}$$

③より、

$$a+b+c+d+e=10b+d$$

イより、$c=9$なので、上の式を整理すると、

$$a+e=9(b-1) \text{ ……………………………………… エ}$$

$a+e \geqq 9\times2$であることはないため、

$$b-1=1$$

したがって、

$$b=2 \text{ ……………………………………………………… オ}$$

また、$a+e=9$となるため、

$$e=9-a \text{ …………………………………………………… カ}$$

以上のことから、分かったことをまとめると、

ア……$b-a=1$
イ……$c=9$
ウ……$d=2e-10$
エ……$a+e=9(b-1)$
オ……$b=2$
カ……$e=9-a$

ア、オ、カより、

$$a=1、b=2、e=8$$

また、ウより、

$d = 6$

イより、$c = 9$であるため、

A = 1、B = 2、C = 9、D = 6、E = 8と一つに決まる。

つまり、実際の答えは、

```
  12     18      1
+  9   +  8      2
----   ----      9
  21     26      6
               + 8
               ---
                26
```

となる。

早速、A君に答えを渡しながら、自分で考えたとは思わなかったので「何かの本に載っていたの？」と聞くと、自分で考えたというのです。これには、本当に驚きました。答えが一つに決まる点で、完璧な問題になっています。子どもの力は、ものすごいですね。

そもそも、A君がこの問題を考えた、きっかけとなった問題がありました。下の問題です。以前に、私がA君の学級で出題した問題でした。残念ながら、この問題は私が考えたものではなく、ある本からの引用です。A君が自分で問題を作った点で、すでにA君には完敗です。もちろん、A君は下の問題も解くことができていました。

皆さんも、挑戦してみては、いかがでしょうか？

```
  FORTY
    TEN
+   TEN
-------
  SIXTY
```

「覆面算の解を見つけるためには、いかなる一般的な法則も存在しない。必要なことは、基本的な算術の理解と理論的な推論と根気だ。」(抜粋)

出典：アルフレッド・S・ポザマンティエ/イングマール・レーマン『偏愛的数学・驚異の数 I』p. 105

私は、こういったパズル的な問題は得意ではないのですが、考え始めたらついはまってしまい、何とか答えを出すことができました。できたら他の人に紹介したくなるものですね。それで、子どもたちに出題してみたというわけです。

これがきっかけで、自分で問題を作った子がいたことが、とても嬉しく思いました。さらには、子どもから挑戦状までもらえて、とても楽しい時間になりました。

補足

書籍に掲載されていた覆面問題の解答です。

$$
\begin{array}{r}
29786 \\
850 \\
+\quad 850 \\
\hline
31480
\end{array}
$$

また、次のような問題も紹介されていました。

(1)

$$
\begin{array}{r}
\text{SEND} \\
+\quad \text{MORE} \\
\hline
\text{MONEY}
\end{array}
$$

(2)　APPLE＋ORANGE ＝ BANANA

なんと、リンゴとオレンジを合わせるとバナナに！

ただし、L と G は交換可能なので、この問題の答えは２つになるようです。

（解答）

(1)

$$
\begin{array}{r}
9567 \\
+\ 1085 \\
\hline
10652
\end{array}
$$

(2)　85524＋698314＝783838

85514＋698324＝783838

小話９　補助線パワー！

「平行線と角」

どんな問題が、いい問題と言えるでしょうか？

一つには、子どもにとっては、自分で獲得した武器（アイテム）を活用して、新しい問題を解決できたときではないでしょうか。子どもが大好きな対戦ゲームと同じです。そんなわくわく体験（私だけ？）ができる、とっておきの教材があります。

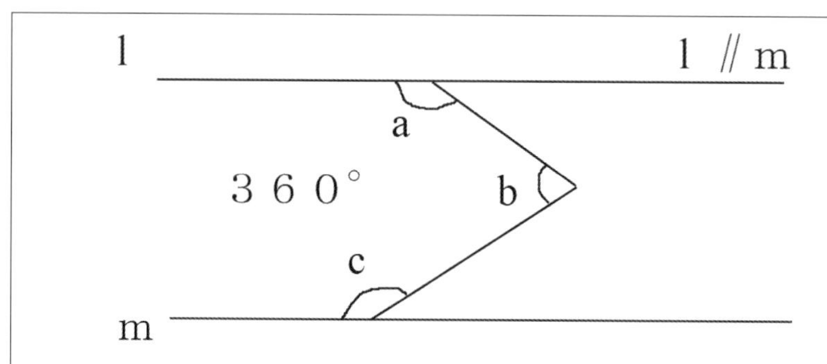

いつでも∠a、∠b、∠cの３つの角の和が360°になります。下の図形の性質を用いて説明しましょう。補助線がポイントになります。さて、あなたはどこに補助線をひきますか？

【図形の性質】

（これまでに学習した図形の性質で、問題解決の武器となるもの）

平行線の同位角

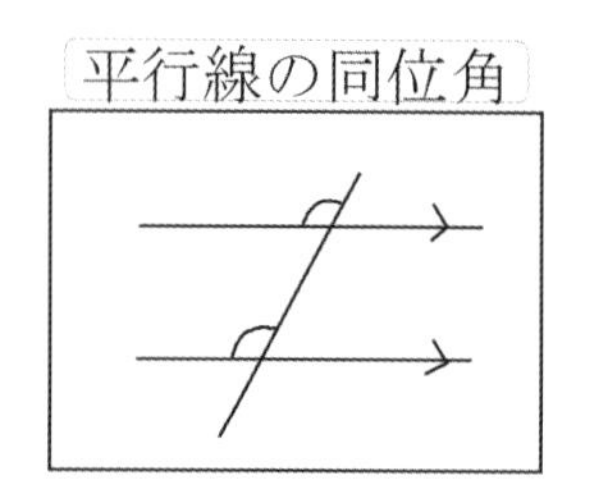

平行線の錯角

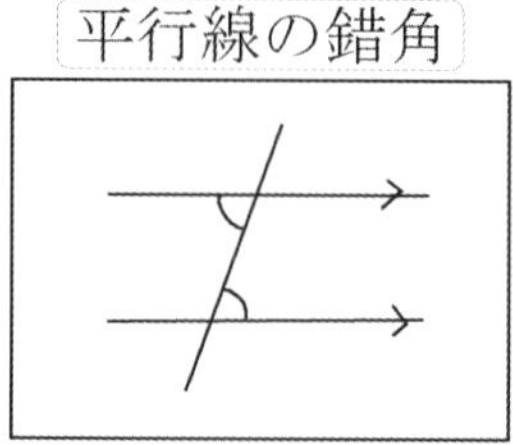

三角形の内角の和

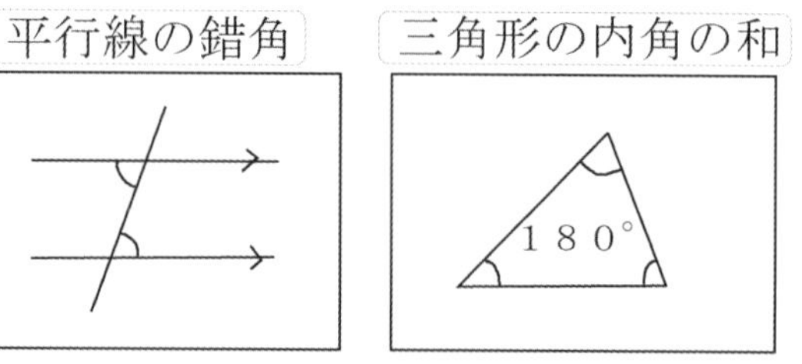

三角形の１外角

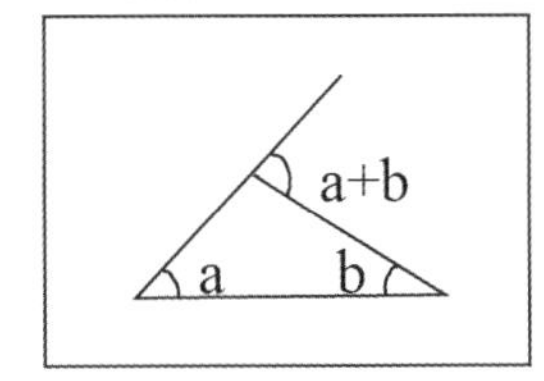

四角形の内角の和

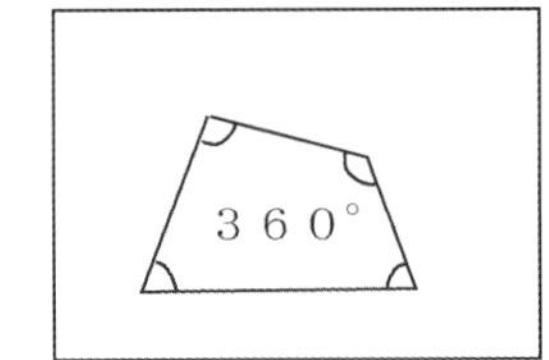

多角形の外角の和

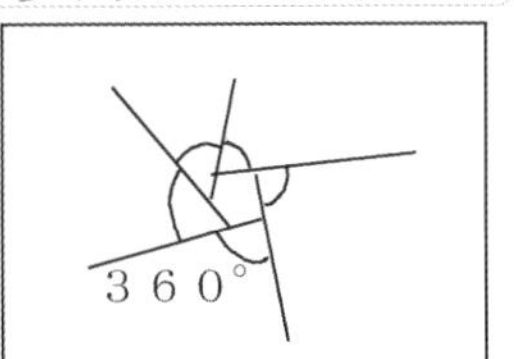

Ｚの法則

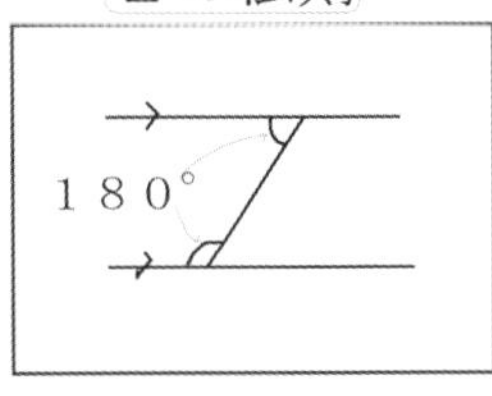

この「Ｚの法則」は、子どもが名付けた平行線の性質です。教科書には載っていませんが、使える性質だと思いませんか。これは、平行線の錯角からすぐに成り立つ性質だと分かります。こうして、問題解決に有効なアイテムとしてカードにしてみました。

この問題は、私が20代の若いときに、考えた問題です。教科書には、似たような問題が出ていますが、未だこの問題と同じものを見かけたことはありません。ですから、勝手ながら未だに私のオリジナル問題と思っています。

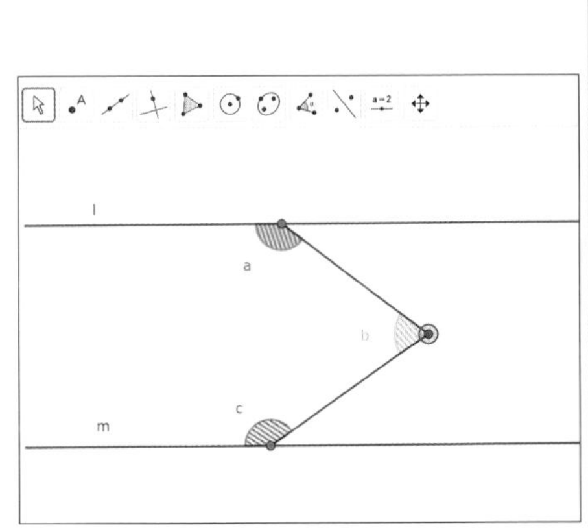

GeoGebra で作成した課題

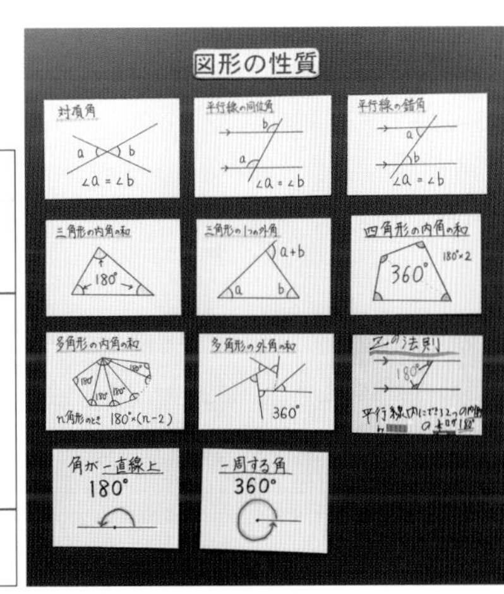

図形の性質カード

教科書に掲載しても、いい問題だと思っていますが、いかがなものでしょうか？　私がこの問題をおすすめする理由は、次の４つです。

(1) 補助線を１本入れるだけで、これまで学習してきた図形の性質を活用して、説明できるところです。既習の図形の性質をすべて活用できる場を設定できます。

(2) 頂点 b を動かすことで図形を動的に捉え、新しい性質を子ども自身が見出すことができます。自ら課題を設定できます。

(3) 頂点 b の位置をある特定な場所に置いたり、頂点の数を増やしたりすることで、新しい気付きが生まれます。統合的・発展的な見方です。

(4) 多様な説明の仕方ができる素材になっています。それぞれの考えを発表し合い、学び合いの場を設定できます。

これまでに学習した図形の性質が問題解決のアイテム（武器）になります。

これらのアイテムを活用するために、あなたはどこに補助線を引きますか？

さあ、あなたは何通りの説明ができましたか？（以下、全て $l /\!/ m$ とします）

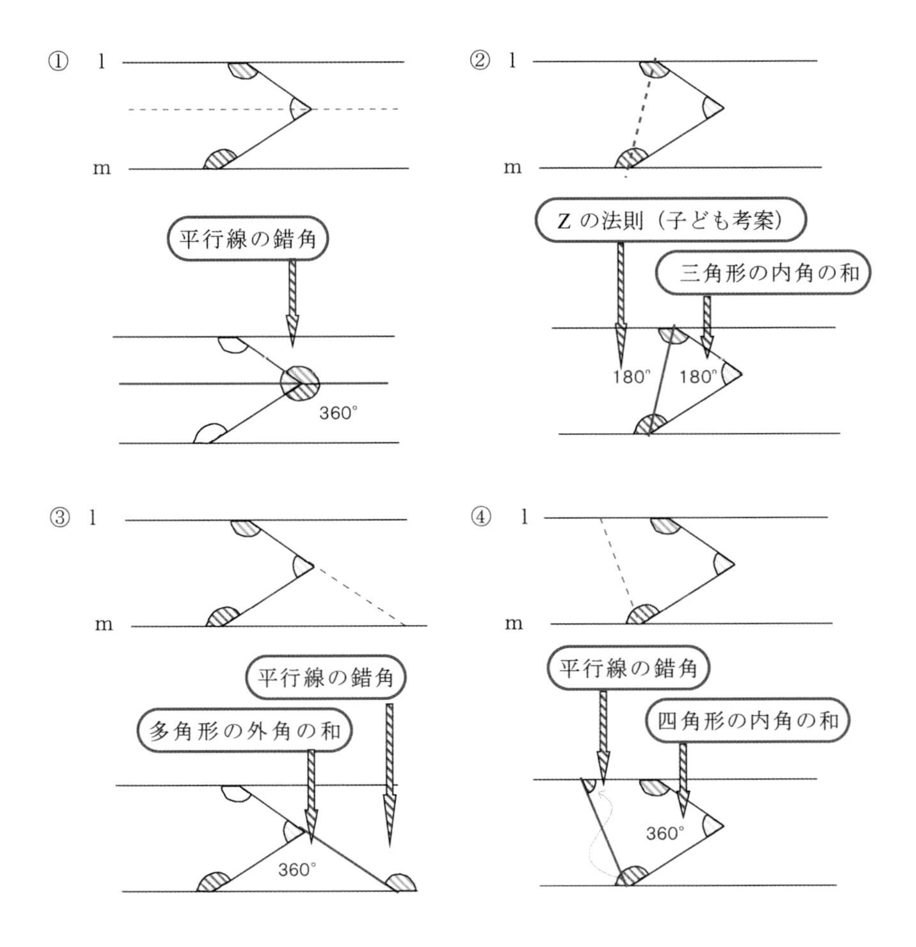

私が20代のときは、教育機器と言えばOHP（オーバーヘッドプロジェクター）でした。スクリーン上で図形を動かすには、重ねたシートを動かすことぐらいしかできませんでした。そのため、当時はゴム紐で辺を動かせるよう教具を考案し、課題提示をしていました。

今は便利なツールがあります。おすすめが、GeoGebraという作図ツールソフトで、グラフもかくことができます。フリーソフトで、誰でも気軽に活用できます。個人が思いのままに作図ができ、しかも自由に動かすことができ、角の大きさや辺の長さまでリアルタイムで表示してくれます。

ですから、生徒自らが図形を動かし、直接働きかけることで、そこから情報を得ることができます。自ら新たな性質を見出すことができたら、なぜ成り立つのか自ずと追求したくなることでしょう。また、図形の形を変えても成り立つことから、より一般化した図形の性質を理解できるようになると考えます。

【GeoGebraで頂点Bを動かしてみたら】

① 平行線上

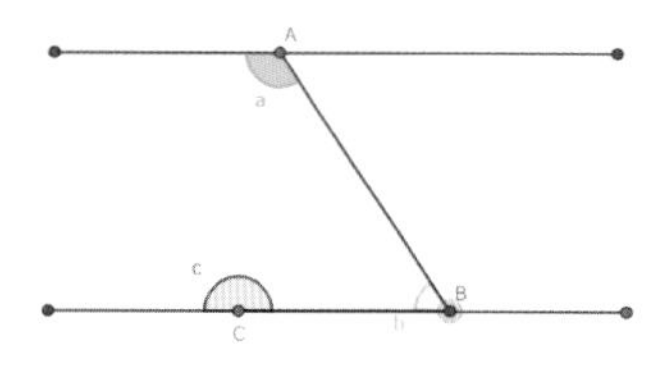

② 線分 AC 上

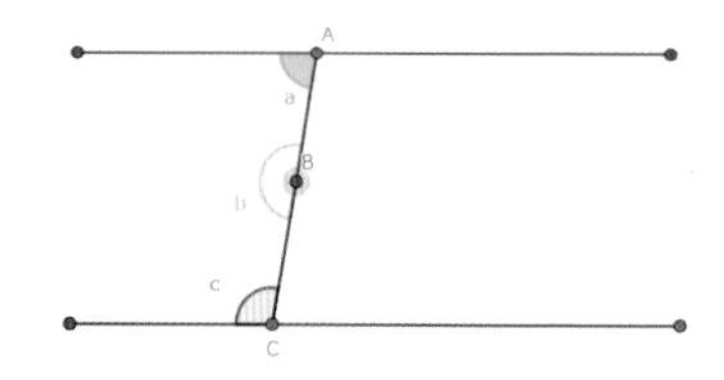

③ 平行線の外

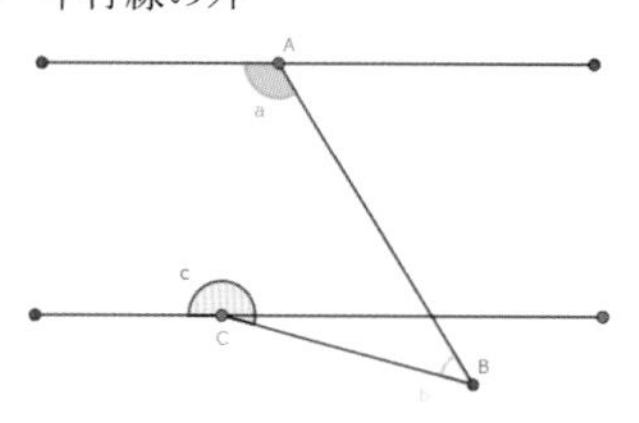

④ 線分 AC の延長線上

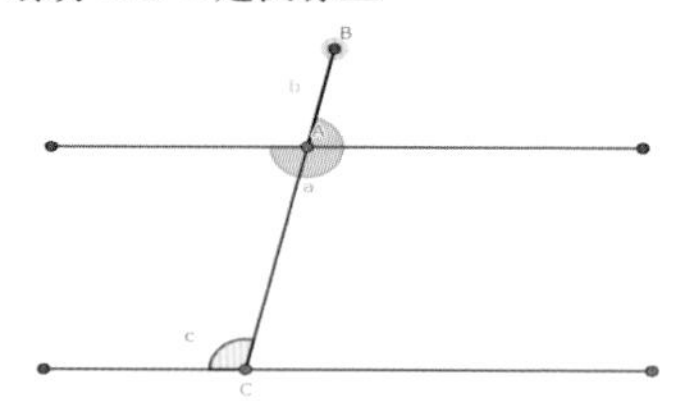

⑤ 平行線内（∠ｂ＞１８０° のとき）

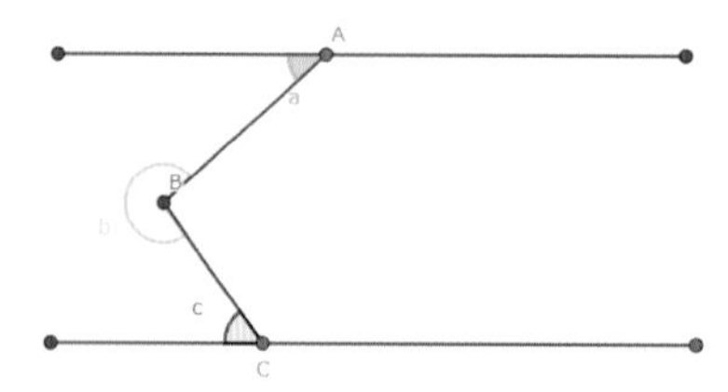

⑥ 平行線上（その２）

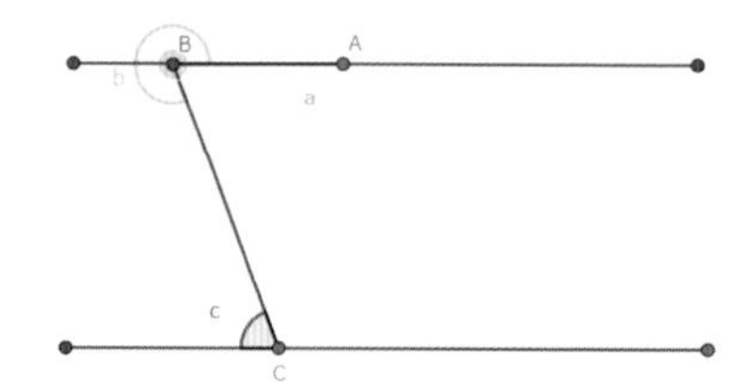

上記の場合も図形の性質を使って、同じように360°になっていることを説明することができますか？

こぼれ話

　これは面白い題材だと思い、ある研修会の際、早速、大学の恩師にお話ししたときのことです。いきなり、**「１つの角が0°の四角形の内角の和だね」**と言われました。皆さんは、お分かりですか？　私は、最初、何を言っているのか分かりませんでした。

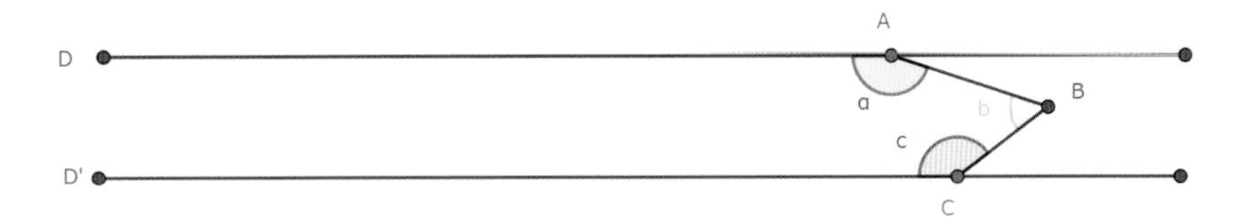

　後になって、ようやく気付きました。DとD′がはるかかなたで一致していると仮定すると、四角形と見ることができます。だから、四角形の内角の和で360°となるというわけです。その際、２辺は平行なので角度は限りなく0°ということになります。

　その考え方を使えば、平行線内の点が増えた場合にも、n 角形の内角の和を求める式 $\boxed{180°\times(n-2)}$ を、そのまま使うことができます。

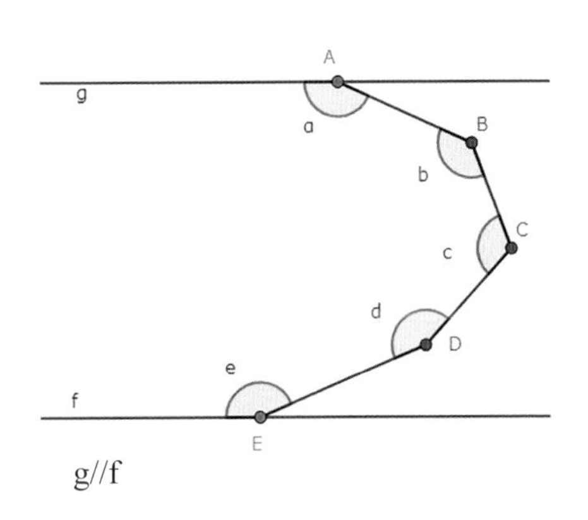

g//f

　例えば、左図であれば0°の角を含めた６つの角を持つ多角形の内角の和と見ることができ、

$$180°\times(6-2)=720°$$

　いつでも、

$$\angle a+\angle b+\angle c+\angle d+\angle e=720°$$

が成り立つことが分かります。

　恩師のように、こうした柔軟な見方ができるよう、しっかり精進したいと思った次第です。

小話10　誰もが驚く手作りマジックカード

「１桁のたし算」「２進法」

なんと、あなたが心で思っている数字をズバリ当ててしまうマジックです。子どもから大人まで、誰もが驚くマジックです。これは、実証済みです。ぜひ、お試しあれ！

※先生ＴとＢ子さんのやり取りで、マジックの現場を再現してみます。Ｂ子さんになったつもりで参加してみてください。

Ｔ：心に思っている数字をズバリ当ててしまうマジックを始めます。誰か、お手伝いしてくれる人いませんか？（ほとんどの子が手を挙げる）じゃあ、先生とジャンケンです（ジャンケンでＢ子さんが選ばれる)。
それでは、Ｂ子さん、１～15の中の数字を１つ、心で思ってください。それを先生に分からないように、先生が後ろを向いているときに、この紙に書いてください。書いたら、その紙を黙って皆さんに見せてください。Ｂ子さんが思い浮かべた数字を知らないのが、このクラスで先生だけということになります。それを、みんなの前でズバリ当ててしまうというマジックです。

Ｂ：(「11」と決め、紙に書いて、他の子どもたちに見せる）はい、これが私が心に思った数字です。皆さん、いいですか。

Ｔ：ありがとう。それでは、見えないようにその紙を裏返しにして机に置いてください。

Ｂ：(数字の書かれた紙を裏返しにして机に置く）置きました。

Ｔ：それでは、今からカードを見せます。あなたが心に思った数字がそこにあるか、ないかだけ答えてださい。このカード(ア)にその数字はありますか？

B：あります。

(ア)

1	3	5	7
9	11	13	15

T：それでは、このカード(イ)にはありますか？

B：あります。

(イ)

2	3	6	7
10	11	14	15

T：それでは、このカード(ウ)にはありますか？

B：ありません。

(ウ)

4	5	6	7
12	13	14	15

T：それでは、このカード(エ)にはありますか？

B：あります。

(エ)

8	9	10	11
12	13	14	15

（このとき、クラス全員の「ある」「ない」の声が響きわたる）

T：その数字は「11」です。

B：当たりです（裏返しになっていた紙を表にする。教室に歓声が上がる）。

それでは、種明かしです。

ここで、「ある」と言ったカードの左上の数字に注目してみてください。

(ア)

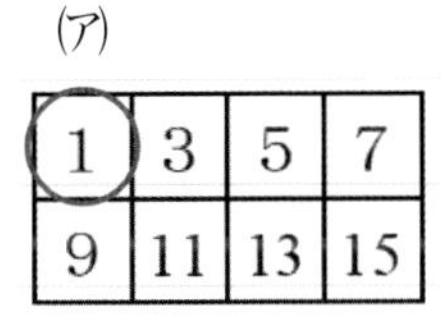

(イ)

2	3	6	7
10	11	14	15

(エ)

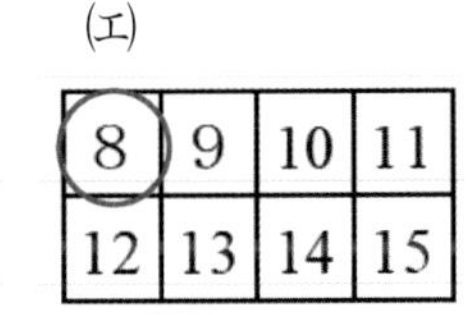

$1+2+8=11$

そうです。それぞれの数をたし合わせると、11になります。

つまり、「ある」と言われたカードの左上の数字をたし合わせると、求めることができるようになっています。もし、12でしたら12が書かれているカードは、(ウ)(エ)の２枚のカードだけです。左上の数字を見ると、それぞれ４と８となり12となります。このように、左上の数字１、２、４、８を組み合わせた、たし算で求めることができます。

選んだ数字 ↓	「ある」と答えたカード ↓	(エ) 8	(ウ) 4	(イ) 2	(ア) 1	２進法
1	→ (ア)				○	1
2	→ (イ)			○		10
3 = 1+2	→ (ア)＋(イ)			○	○	11
4	→ (ウ)		○			100
5 = 1+4	→ (ア)＋(ウ)		○		○	101
6 = 2+4	→ (イ)＋(ウ)		○	○		110
7 = 1+2+4	→ (ア)＋(イ)＋(ウ)		○	○	○	111
8	→ (エ)	○				1000
9 = 1+8	→ (ア)＋(エ)	○			○	1001
10 = 2+8	→ (イ)＋(エ)	○		○		1010
11 = 1+2+8	→ (ア)＋(イ)＋(エ)	○		○	○	1011
12 = 4+8	→ (ウ)＋(エ)	○	○			1100
13 = 1+4+8	→ (ア)＋(ウ)＋(エ)	○	○		○	1101
14 = 2+4+8	→ (イ)＋(ウ)＋(エ)	○	○	○		1110
15 = 1+2+4+8	→ (ア)＋(イ)＋(ウ)＋(エ)	○	○	○	○	1111

１～15の数字は、ご覧の２進法に対応しています。つまり、10進数で表された１つの数に対して、必ず１つの２進法での数が対応しています。１～15のどの数に対しても１つのカードの組み合わせが対応して

いることが分かります。
ですから、ここでのカードは、10と言ったら２＋８なので、(イ)と(エ)のどちらのカードにも10という数字が書いてあります。またそのように作ってあります。
例えば、(ア)のカードでしたら、前頁の表の太枠の○から「１、３、５、７、９、11、13、15」の８つの数字が書かれてあることが分かります。他のカードも同様です。

中には、先生はすべてのカードの番号を覚えている、と思っている子もいます。そんなときには、先生が目隠しで行うといいです。あらかじめ、カードの順番を決めておいて（(ア)→(イ)→(ウ)→(エ)）、「ある」「なし」を問います。仮に、１番目と３番目に「ある」と言われたら、(ア)と(ウ)のカードとすぐ分かるので、１＋４＝５ということになります。いかがですか？

子どもは自分でもマジックをやりたがります。カードの原理が分からなくても１桁のたし算ができれば、誰でもマジックはできます。ぜひチャレンジさせてあげましょう。

【２つの提示の仕方】

手作りカードで　　電子黒板で

小話11　言われてみれば、納得できる話

「割合」「ひき算」

数字に騙されるな！

２人の医師がいます。それぞれの医師の手術成功率がＡ医師が85％、Ｂ医師が90％だったそうです。ある人が手術することになり、Ａ医師とＢ医師のうち、Ａ医師を選択したそうです。さて、どうしてでしょうか？　そのわけを説明しなさい。

〈ヒント〉

実際の状況（手術の成功率）を正しく判断できれば分かります。

（解説）

Ａ医師は、医師として新米だったころは、失敗もありました。しかし、最近は、腕を上げて殆ど失敗がない医師でした。一方、Ｂ医師は、手術する回数も少なく、最近は、Ａ医師より失敗が多かったらどうでしょう。

あなたでしたら、どちらの医師を選びますか。

単純に、手術の成功率（成功事例÷手術の総回数）だけで、判断できない例でした。

こぼれ話

上の問題を出したときの回答例をいくつかご紹介します。

- Ａ医師は、Ｂ医師よりも人間的に素晴らしかったから。
- Ｂ医師が、昔いじめていた同級生だったから。
- Ａ医師が、美人女医で、５％の差は問題にならなかったから。

人が決めることなので、ある意味でどれも正解かも知れませんね。

実際場面をイメージせよ！

132円持っています。62円のおかしを買いました。おつりは、いくらでしょう。

〈ヒント〉

単純にひき算すると70円ですが、70円では、ありません。

（解説）

「今、200円持っています。100円の買い物をしました。おつりはいくらでしょう？」と同じような問題と言えそうです。実際は、100円の買い物だったら、100円硬貨１枚ですむので、おつりはありませんね。

すると、上の問題も62円の買い物は、100円硬貨１枚ですむので100－62＝38（円）と、しがちです。ですが、それよりもうまい方法があります。そうです。100円硬貨１枚と10円硬貨１枚と１円硬貨２枚、つまり112円でお支払いすると、ちょうど50円硬貨１枚のおつりになります。この方が、財布の中がかさばらないですみますね。

※いつの研修会だったか忘れましたが、講師の先生に紹介していただいた問題です。子どもたちにも出したくなる問題ですよね。

こぼれ話

私もこの話を聞いた後、できるだけ硬貨のおつりが増えないよう支払いには、気を付けるようになりました。

そんなある日、1,650円の買い物をしました。そう2,150円を支払えばいいんです。ちょうど財布には、千円札が２枚、100円硬貨１枚と50円硬貨が１枚ありました。

その結果、店員さんの「あいにく500円硬貨がなくなってしまって申し訳ありません」との返答があり、100円硬貨５枚が戻ってきました。結局、2,050円を支払い、400円のおつりをいただいたことになりました。こんなこともありますよね。

小話12　スーパーあみだくじとは？

「集中力強化」

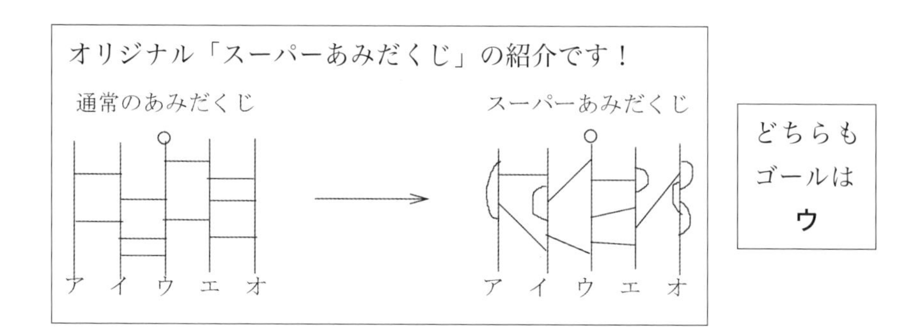

皆さんは、「スーパーあみだくじ」をご存じでしょうか？　おそらく、誰も知らないと思います。私が考え、勝手に名付けたあみだくじだからです。もしかして、同じようなことを、すでに考えられていた方がいらっしゃったら、その限りではありませんが……。

前置きが長くなりました。さっそく、スーパーあみだくじのご紹介です。

基本ルールは、通常のあみだくじと同じです。縦の線から下に進み、横の道に当たったらそのまま横に進みます。再度、縦の線にぶつかったら下に進みます。これの繰り返しです。でも、ご覧のように、縦の線は同じでも横の線は、これまでになかった曲線で結ばれています。

これでも、基本ルールに従えば、なんとスタートとゴールが一対一対応しているのです。しかも、うまくすると殆どの道を通るように設計することができ、なかなかゴールにたどり着くことができません。こうしてイライラさせるところが、面白いところです。皆さんも、最強のMAX スーパーあみだくじ作りに挑戦してみてはいかがでしょうか。

ただ、１つ留意点があります。お分かりですか？　こうした複雑に見えるあみだくじでも、スタートを変えるとすぐに結果が分かってしまいます。ですから、くれぐれも指定したスタートの位置から始めるようにしていきましょう。やってみてどうでしたか？　目だけで追うようにすると、結構、集中力を鍛えられると思いませんか？

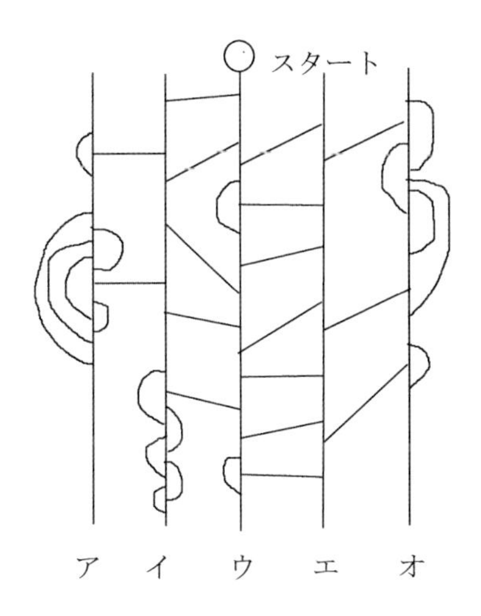

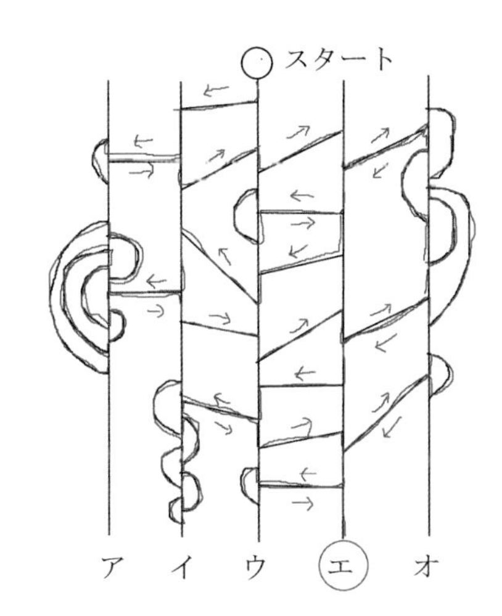

こぼれ話

「あみだくじ」の「あみだ」とは何のことなのか、疑問に思ったことはありませんか。

あみだくじの歴史を調べると、起源が室町時代まで遡ることができるというから驚きです。当時は、中心から放射状に何本も線が伸びただけのくじだったようです。その線がまるで阿弥陀様の後光のように見えたことから、「阿弥陀くじ」と呼ばれるようになったといいます。

当時は、今のような横棒はなかったということです。それを考えると、このスーパーあみだくじも進化の一つと言えるのではないでしょうか。

小話13　素数はオンリーワン！

「素数」

【問題】
□には、何が入るでしょう？

｜　○　△　○○　＊　○△　□　○○○　？

いかがですか？　暗号の解読のような感じですね。なんとなく、順に並んでいるので、数を表していることには、お気付きだと思います。それでは、数字を対応させて考えてみましょう。

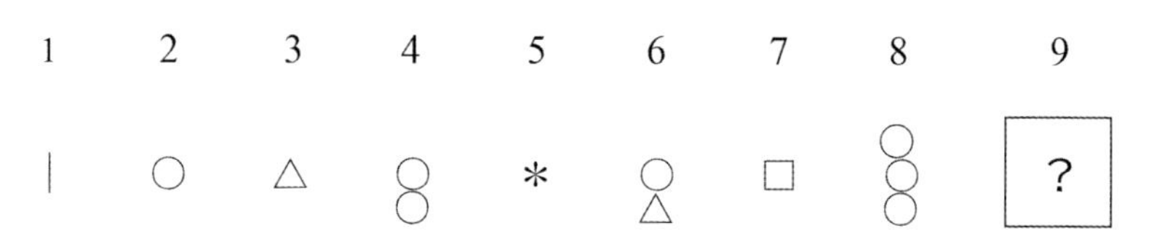

２が○、３が△、４が２＋２より○○と理解できます。すると、５は○△と思われますが、＊となり予想に反します。ここで、たし算ではなく、かけ算と気付くことができれば、６の○△、８の○○○が納得がいくことでしょう。ただ、これまで10を６＋４と表したように、数の合成はたし算が一般的な見方だったため、かけ算・積の形で表すことに、なかなか気が付かないものです。皆さんは、お気付きになりましたか？　実際、９＝３×３なので、□には、「△△」が入ります。すると、次は？　そうです。10＝２×５より、○＊となります。

それでは、11は？　ここで、少し戸惑う方も多いかもしれません。そうです。11は、２の○、３の△、５の＊、７の□のように、オンリーワンの数になります。ですから、○、△、＊、□、以外の記号ならば、どんな記号でもいいということになります。ですから、勝手に

「☆」としてもいいわけです。このようなオンリーワンの記号を持つ2、3、5、7、11……のような数が、「素数」になるわけです。

これは、私が衝撃を受けた問題の一つです。出典は、やはり坪田耕三先生の本からです。この問題を考え出した坪田先生は、天才ではないかと思いました。というのも、素数の本質を突いていながら、子どもにとって非常に親しみやすい問題となっているからです。まだ素数を学習していない小学生にでも、楽しく体験できる問題です。中学生には、素数を学習する導入としても面白い問題だと思います。

オンリーワンである素数の一つ一つをオリジナルな記号で表し、素数がオンリーワンであることを印象づける楽しい活動になっています。素数を学習する前に体験しておくと、素数の意味をより深く理解できるのではないでしょうか。

子どもたちに、いろいろなオリジナルの記号を考えさせるのも、楽しいと思います。

こぼれ話

ところで、皆さんは素数にどんなイメージを持たれていますか。どんな数も素数の積で表すことができることから、素数は「数の原子」とみられ、その真の姿を知ることは、宇宙の神秘を解き明かすことになると言われています。まだまだ謎が多く、多くの天才数学者たちにより、ようやく、自然法則を表すのに必要な超越数※である円周率πや自然対数の底eとの繋がりを見出すことができたばかりです。また、素数は、現在も未解決問題である「リーマン予想」に関係していると言われています。本当に神秘的で、ロマンに満ちた数といえます。その素数を学ぶ入り口に当たるのが、今回の授業です。何か不思議な感じがしませんか。

ベルンハルト・リーマン

※超越数：代数方程式の解にならない数のこと。

小話14　「ある・なしクイズ」で、約束確認！

「学び方」

「ある・なしクイズ」をご存じでしょうか？
「ある」ものに共通しているものが、何かを当てるクイズです。
上から1つずつ提示していきます。並び替えが、ヒントになります。

ある	なし
空	海
ドーナツ	パン
ファンタ	コーラ
白	黒
みかん	いちご
レモン	リンゴ
(　　　)	テレビ

ある	なし
ドーナツ	パン
レモン	リンゴ
みかん（ミカン）	いちご
ファンタ	コーラ
空（ソラ）	海
ラジオ	テレビ
白（シロ）	黒

上のように、最初から全部が提示してあれば、容易に予想がつくと思います。実際は、1つずつ提示していきますので、3つか4つ目あたりから「分かった」という声が聞こえてきます。また、並び替えることによって、さらに分かりやすくすることもできます。もうお分かりですね。答えは、ドレミファソラシドの「音階」です。ですから、また（　）に入る言葉は、ラが付くものです。「ラジオ」等が正解です。
それでは、問題をご理解いただいたところで、実際の活用の仕方のご紹介です。
このクイズを通して、授業での「学習の約束」を確認していきます。

約束1：分かっても、答えを口に出しません。なぜなら、答えを

　　　　　言ってしまったら、その時点でもう誰も考えようとしなくなるからです。一人ひとりが考えることが大切です。考える機会をお互いに大切にしていきましょう。
約束２：分かった人は、ヒントの出し方を考えます。どんなヒントを出したら、まだ分からない人も気付くことができるか考えます。ヒントを出すことは、相手の立場に立って考えることにもなります。

皆で学習していく上で大切なことを、楽しい活動を通して学んでいきます。「ルールを守るから楽しく学習できる」ことを早い時期に確認していきたいものです。

※この実践は、昔、筑波大附属小学校での研修会で紹介されたものです。

【「ある・なしクイズ」の自作問題例】

①

ある	なし
練	連
栗	芋
献	健
(　)	骨

②

ある	なし
腹	頭
燃	消
泉	池
林	丘
鉄	石
坂	道
(　)	分

③

ある	なし
ピーナッツ	枝豆
プリン	ゼリー
ペン	消しゴム
(　　　　)	くま
ポパイ	オリーブ

〈ヒント〉
①②→造りに共通するものは？
③→最初の文字に注目して、順番を変えると？

※答えは、小話16の末尾に掲載。

子どもたちにも、問題を作らせてみると面白いと思います。

小話15　ここにも大切な数学的発想が！

「漢字力」「発想」

【問題１】
下のように、「日」が横に10並んでいます。それぞれの「日」に、１本、線を入れて新しい漢字をできるだけたくさん作りたいと思います。さて、あなたは、いくつ作ることができますか？

日　日　日　日　日　日　日　日　日　日

全く算数・数学に関係のない漢字クイズのようですが、実は、数学的発想が生かされる場でもあるのです。数学的な発想を生かし、ぜひ、チャレンジしてみてください。さあ、あなたは、いくつ作ることができるでしょうか？

日　日　日　日　日　日　日　日　日　日

小学校高学年程度の漢字力があれば、８つはできると思います。その後が、問題です。問題文を正しく解釈し、柔軟に捉えないと難しいかもしれません。ちなみに、私は解けませんでした。答えを聞いて「やられた！」と思いました。出典は、やはり、坪田耕三先生です。

【問題２】
下のように、９個の点があります。このすべての点を一筆書きで、４本の直線で結びます。
条件は、①一筆書き、②４本の直線、この２つだけです。
さて、どう結んだらよいでしょう？

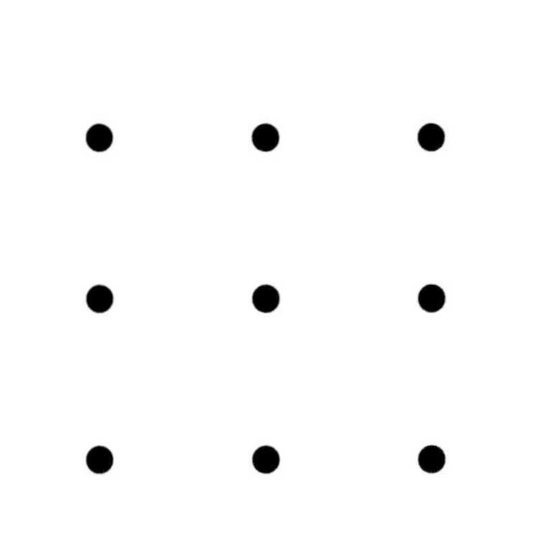

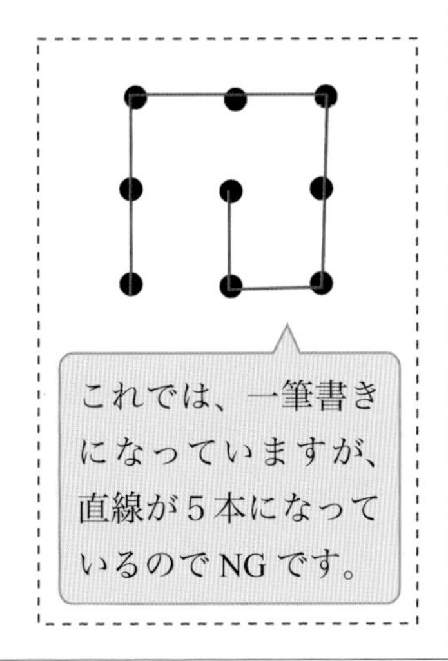

〈ヒント〉
NGの例のように、枠の内にばかり目を奪われていては、いつになっても解決できません。外に飛び出す勇気を持ちましょう。

２つ目の問題も、最初の思い込みが強すぎると、なかなか解決できません。新採当時、県の研修センターで紹介していただいた問題だと記憶しているのですが……？

※解答は、小話18に掲載。

小話16　はらはらドキドキ体験しませんか？

「確率」

今、大小２つのサイコロがあります。
それぞれのサイコロの面には、○が３つ、□が２つ、△が１つ書かれてます。
目の出方の組み合わせは、

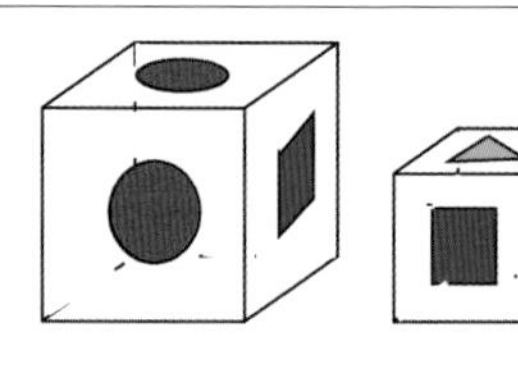

A ○○、B ○□、C ○△、D □□、E □△、F △△

の６通りです。
30回、サイコロを振って、どの組み合わせが一番多く出たかを当てるゲームです。

このゲームを確率の授業の導入で行ってみました。そのときの様子です（※上の30回は、学級の人数に合わせました）。今回も先生T、生徒Cのやり取りです。

T：今日は、先生対みんなで勝負をしましょう。
C：面白そう。どんな勝負？
T：ここに、○が３つ、□が２つ、△が１つ書かれたサイコロが２つあります。
　その目の出方の組み合わせは、黒板のようにA～Fの６通りですね。他にありますか？
C：ないです。
T：では、30回サイコロを振って、A～Fのどの組み合わせが一番多いか、当てた方が勝ちです。
　それでは、一人ひとり考えてもらいます。A～Fでこれはと思うところに、一人１回手を挙げてもらいます。
（と言って、Aから順に手を挙げさせ、一番多いところに決定すること

を知らせます)

T：Aを選んだ人が一番多いですね。どうして？

C：だって、２つのサイコロとも○が３つで一番多いから、○と○の組み合わせが多くなると思ったからです。

T：みんながAを選んだので、先生はBにします。それでは始めるよ。みんなには、サイコロを順番に一人１回ずつ振ってもらいます。

※順番を決めて、全員にサイコロを振らせます。その結果は、黒板に正の字を書いて、記録していきます。

〈板書の例〉

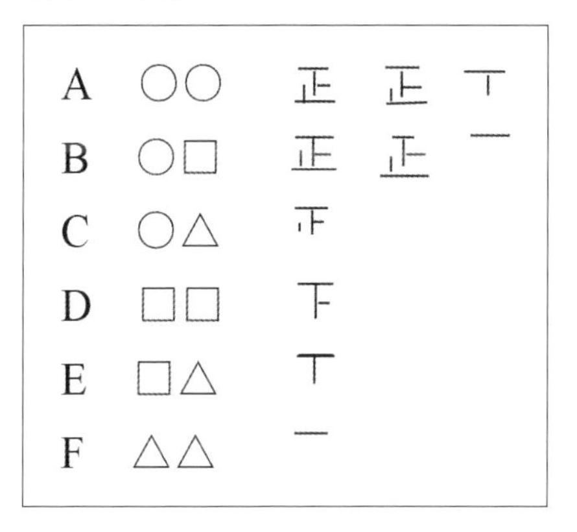

上のように、A、Bがもつれ込むことも少なくないです。残り数人で、結果が出るようなときには、異常な盛り上がりを見せます。

実は、目の出方を表にまとめると、お分かりのように、Bが出る確率がAよりも高いことが分かります。ただ、あくまでも確率なので、結果が出るまで分かりません。ですから、毎回はらはらドキドキです。もし、負けてしまったら、本時のねらいの「表を作り確率を求めていく」必要性が薄れてしまうからです。ですから、絶対に負けられません。

（先生が勝った場合は）

T：残念でした。もう一度勝負とするとしたら、皆さんはAとBのどちらを選びますか？

先生だったら、またBを選びます。なぜか、分かりますか？

C：本当は、Bの方が出る確率が高いということ？

T：それでは、2つのサイコロの目の出方を調べ、それぞれの確率を求めて確かめてみましょう。

下の表を完成させることにより、AよりもBの確率の方が高いことが確認できます。

参考までに既定の回数で、もし先生が負けていた場合ですが、子どもたちに頭を下げて、回数の追加をお願いしましょう。絶対に負けられないからです。子どもは、「先生ずるい」など、いろいろ言ってくると思いますが、きっと了解してくれます。まずは、10回の追加をお願いしてみましょう。それでもだめだったら、さらに10回追加と、これでほぼ勝つことができます。

ただ、あくまでも確率ですので、やってみないと分かりません。ですから、はらはらドキドキで楽しいのです。

大＼小	○	○	○	□	□	△
○	○○	○○	○○	○□	○□	○△
○	○○	○○	○○	○□	○□	○△
○	○○	○○	○○	○□	○□	○△
□	□○	□○	□○	□□	□□	□△
□	□○	□○	□○	□□	□□	□△
△	△○	△○	△○	△□	△□	△△

表からお分かりのように、

A ○○……9通り

B ○□……12通り

C ○△……6通り

D □□……4通り

E □△……4通り

F △△……1通り

合計36通り

A の出る確率 $\frac{9}{36}=\frac{1}{4}$　　B の出る確率 $\frac{12}{36}=\frac{1}{3}$

こうして、表を作ることで、それぞれが出る確率を正しく求めることができました。「日常生活の中でも、うっかり騙されないよう、しっかり確率の勉強をしていきましょう」と投げかけ、学習への意欲を高めていくことができます。

また、このゲームは、全員が参加でき、競い合ったときに、特に盛り上がります。みんなでわくわくドキドキ感を味わえるところがいいところです。ぜひ、子どもたちと楽しんでみてはいかがでしょうか。

この事例は、いろいろな本で紹介されているので、ご存じの方も多いかもしれませんが、やり方次第では、本当に盛り上がります。

小話14の解答

①「東西南北」（背）、②「曜日」（時）、③「ぱぴぷぺぽ」（パンダ）

小話17　子どもが作ったシルエットパズル！

「形づくり」

たった５つのピースで楽しい形遊びができます。
子どもたちと、いろいろな形を作ったり、パズルにしたりして、楽んでみてはいかがでしょうか？

〈５つのピース〉

正方形が４枚（テトロミノ）

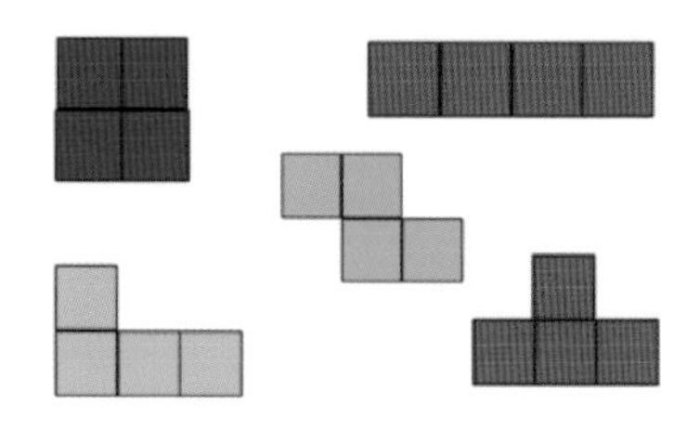

上記の５種類のピースを組み合わせて、いろいろな形を作ります。

〈参考までに〉

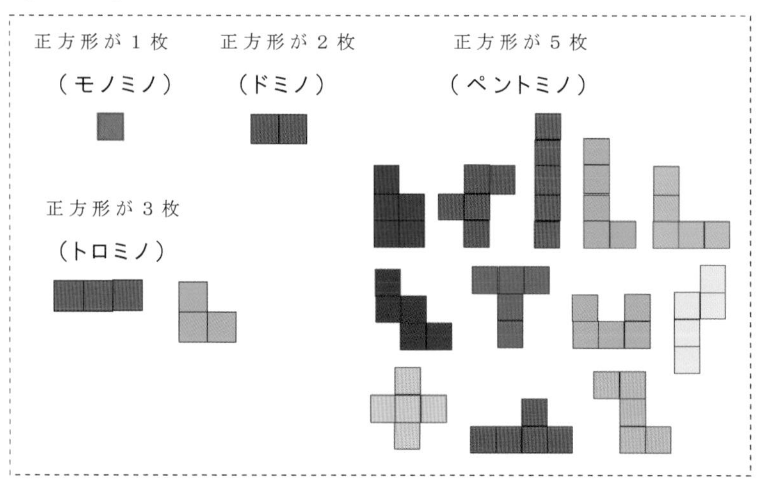

〈子どもが作った形づくりの例〉

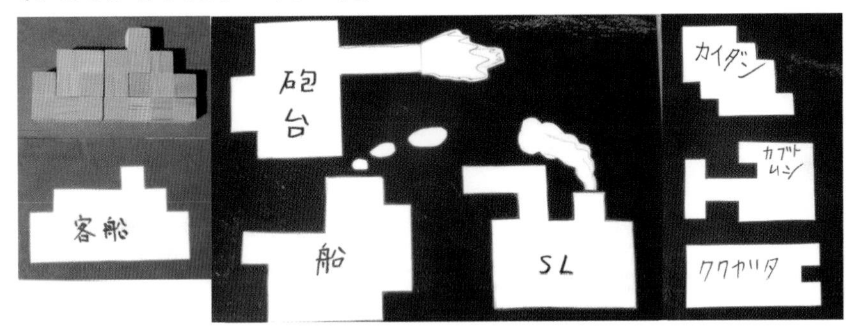

【作り方】

まず、５つのピースを準備します。１辺が１cmの木製の立方体をホームセンター等で購入し、それをボンドで繋ぎ合わせます。次に、出来上がった５つのピースを使って、白紙の上で楽しく形づくりをします。出来上がったら縁取りをして、切り抜きます。切り取った紙を黒や紺色の画用紙の上に置いて、ラミネートフィルムで挟み、パウチするだけです。手間なく、楽しいシルエットパズルの完成です。

出来上がったシルエットパズルは、みんなで解き合います。これがなかなか簡単にいきません。それが面白いのです。作った当人も忘れてしまうことも少なくありません。みんなで、試行錯誤しながら完成させるのが、楽しいところです。

【形づくりと命名】

今回は、正方形４枚で５種類のテトロミノを組み合わせて、いろいろな形を作りました。形づくりが苦手な子でも、５つのピースを合わせるだけで、楽しいシルエットを完成することができます。

出来上がったら「これ、どんな形に似ているかな？」と尋ねます。本人が悩んでいたら、周りの子にも聞きます。すると、いろいろな名前が飛び交います。その中で、一番気に入った名前を本人に決めてもらいましょう。パズルへの愛着が高まります。

小話18　小話15の解答編

「漢字力」「発想」

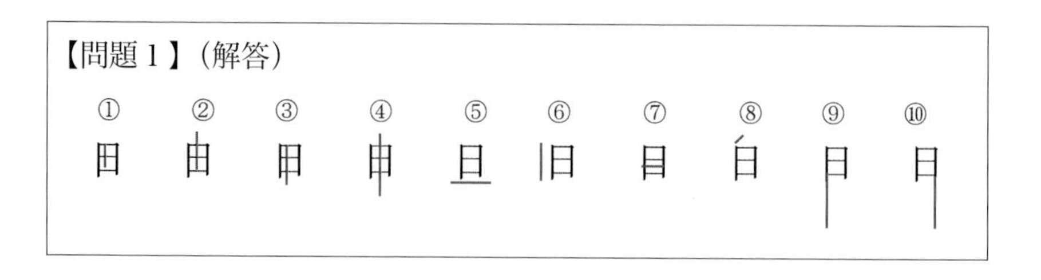
【問題１】（解答）
① 田　② 由　③ 甲　④ 申　⑤ 旦　⑥ 旧　⑦ 目　⑧ 白　⑨⑩ 門

「なーんだ」といった、ため息が聞こえてきそうです。

⑨と⑩で１つの漢字「門」とは、気が付いた人はほとんどいなかったのではないでしょうか？

〈問題文はよく読んで、既成概念にとらわれないことが大切ですね〉

それでは、もう一度問題文を見直してみましょう。どこにも、「漢字を10個作りましょう」とは書いてありませんね。「日」が10あるので、当然、漢字を10個作れるものと思い込んでしまったのではないでしょうか。「日」に１本の直線を入れてとありますが、これで「１つの漢字を作りなさい」とも言っていません。ですから、「日」を２つ使って１つの漢字を作っても問題ないわけです。

〈「対」を考えると、新しい形が見えてくるものです〉

一方から他方を連想するといいです。例えば、「中と外」、「上と下」、「右と左」、「出と入」、「縦と横」などです。すると、以下のように活用できるのではないでしょうか。

①「日」の**中**に縦線で「田」
②「田」の**上**に出て「由」
③「田」の**下**に出て「甲」

④「田」の**上下**に出て「申」
⑤「日」の**外**に横線で、「旦」
⑥「旦」の**横線**を**縦**にして、「旧」
⑦「日」の中に**横**線で、「目」

【問題２】（解答）

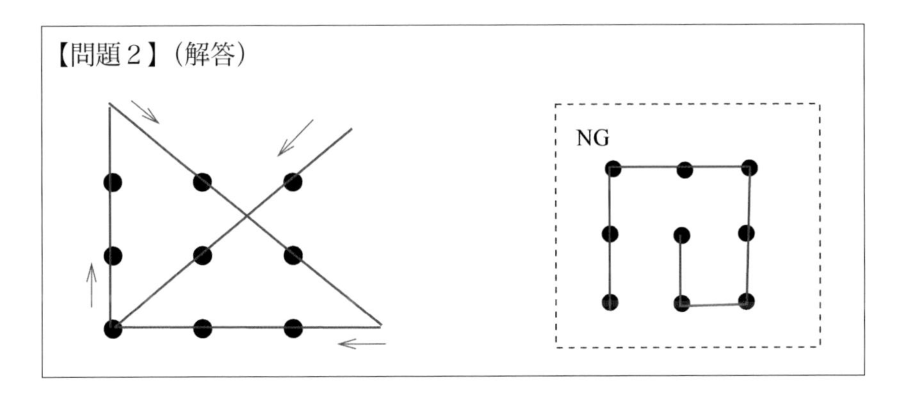

NG の例にとらわれて、枠内でばかり考えていると、残念ながら正解には、たどり着きませんね。

小話19　「フルーツバーみどりの」開店！

「組み合わせ」

フルーツジュース店の開店を想定した授業の紹介です。

4種類のフルーツを組み合わせたフルーツジュースを販売するお店です。
何種類のジュースを販売できますか？

今回も先生T、生徒Cのやり取りで、授業の様子をお伝えします。写真、イラスト等のスライドは、皆パワーポイントで提示しました。

教科書（『たのしい算数　6年』大日本図書）では、果物セットを作る問題（p. 132）になっていました。そこで、より当事者意識を持たせるために、生徒が「店長となったら」と仮定し、「何種類のジュースが作れるのか？」をミッションに設定しました。

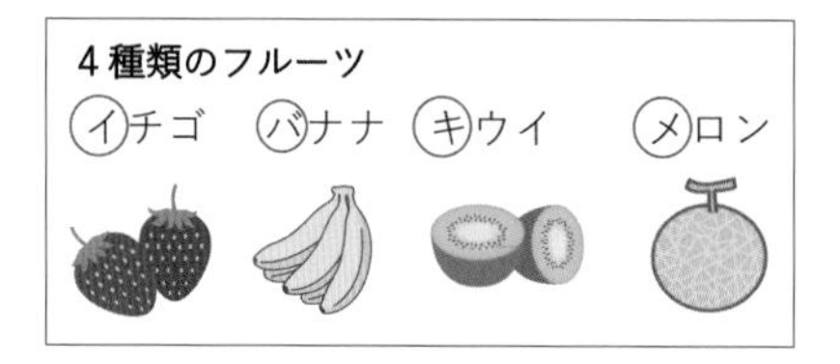

T：現在、用意できるのが4種類のフルーツです。イチゴ、バナナ、キウイ、それともう1つ先生が選んだフルーツは？さて、何だと思いますか？
C：マンゴー、パイナップル、メロン……。
T：メロンが当たりです。
※用意しておいたフルーツを最初から全て提示するのではなく、子どもたちに推測させる単純なクイズですが、意外と盛り上がり、条件に注目させる上でも効果的です。

4つのコース	それぞれ何種類？
シングル 4種類	ダブル 6種類
トリプル 4種類	オール 1種類

T：4つのコースに分けます。1つは、「シングル」です。ということは1つの果物だけなので、何種類？

C：イチゴジュース、バナナジュース、キウイジュース、メロンジュースの4種類です。

T：そうですね。それでは、次は？

C：2種類をミックスしたジュースです。

T：そうです。2つなので「ダブル」です。ダブルがあれば、3つの「トリプル」があります。それぞれのコースでは、何種類のジュースが作れるのかな？　この店で出せるジュースは、全部で何種類になりますか？

> ダブル、トリプルコースのそれぞれで、何種類のジュースが作れるのか？

こうして、今日解決しなければならない課題を確認することができました。

ダブルコースについては、4種類の中から2つ選び出す問題と同じであることに気付くと、前時に扱った問題（4チームで行う試合数）と同じであると気が付き、すぐに解決することができました。

次のトリプルコースでのジュースの種類は、4種類の中から3つ選び出すことになり、これが解決しなければならない課題となりました。やがて、ダブルのときと同じように、樹形図や表をかいて、なんとか4種類あることを確認できました。

すると、ある子から「使わないフルーツを見れば……」のつぶやきがあり、どういうことか詳しく説明してもらいました。説明は次のようなことでした。例えば、使わないフルーツがメロンだとしたら、「メロンを使わないミックスジュース」、つまり、籠に残ったメロンが「イチゴ、バナナ、キウイのミックスジュース」に対応するということでした。新しい見方に納得したのか「あ、なるほど」といった声が聞こえてきました。こうした発想は、実際にジュースを作る調理場面をイメージできたからかもしれません。これも場面設定を工夫した成果の一つと言えるのではないでしょうか。

わざと、オール（全部）を伏せておいたところ、気が付いた子がいました。

C：先生、全部もあります。

T：そうですね。これは全部だから、「オール」になりますね。もちろん種類は？

C：１種類です。なんかまずそう？（笑い）

T：販売できる種類は、４＋６＋４＋１＝15で、15通りですね。

T：ところで、長野県から美味しいリンゴが手に入りました。さて、これで何種類のジュースを販売できるようになるかな？
時間がきてしまったので、後で考えてみてください。そして、分かった人は後で教えてください。

フルーツが5種類になったら？

このように発展問題として、フルーツが５種類になったら何種類のフルーツジュースが作れるのかと問いかけて授業が終わりました。早速、家庭学習で、何人かの子が取り組み、31種類と答えを求めていました。これには、とても嬉しく思いました。

フルーツの種類	1	2	3	4	5	6	……
ジュースの種類	1	3	7	15	31	?	……

もし、興味がありましたら、6以上の場合も考えてみてはいかがでしょうか？　何か規則性が見えてきませんか？

問題は解いたら終わりではなく、自ら問題を設定して考える子に育ってほしいものですね。

ほんのちょっと課題提示を工夫したり、身近な題材を取り上げたりなどの一工夫で、子どもたちの食いつきが変わってきます。失敗を恐れず、これはと思ったらどんどん挑戦してみてはいかがでしょうか？

今回は、教師の方が楽しんでしまいましたが、それでもいいと思っています。先生がまず楽しむことです。すると、不思議と子どもたちにもその楽しさが伝わっていくものです。

小話20　「カフェラテ専門店みどりの」開店！

「比」

カフェラテ専門店内でのやり取りを想定した授業の紹介です。
「フルーツバーみどりの」に続いての２号店になります。

『たのしい算数　６年』（p. 138）では、ドレッシング作りを扱っていますが、場面を変更して、カフェラテ専門店にしてみました。
子どもたちを、新人スタッフに同じ味のカフェラテ作りを指導する店長という設定にしました。

※パワーポイントの画面を見ていただきながら、先生T、児童C_1〜C_6のやり取りを通して授業の追体験をしていただきましょう。

T：皆さんは、M1、M2、M3の３種類の味のどの味が好みですか？
　それでは手を挙げてもらいます。

（「M1か、M2かな？」「わたしは、ミルキー味が好きだからM3がいい」など、隣同士で話が弾んでいる。結局、M2のときに一番多く手が挙がる）

T：先生もM2が、一番売れると思いました。

T：バイトＡとＢが、それぞれＡとＢのやり方でカフェラテを作りました。さて、店長の皆さん、どちらも同じ味で、合格ですか？

C_1：２人とも合格です。どちらも入れ物の数が２と３になっているからです。

C_2：いや、Ａは不合格です。なぜなら、牛乳とコーヒーの入れ物の大きさが違うからです。

T：そうですね。牛乳もコーヒーも同じ容積でないといけませんね。

C_3：先生、Ｂも不合格です。バケツは衛生的でないです。

T：食料専門のバケツなので衛生面で問題はありません。大量に作れるからカップより都合がいいかもしれないですね。

T：バイトＣとＤは、合格ですか？

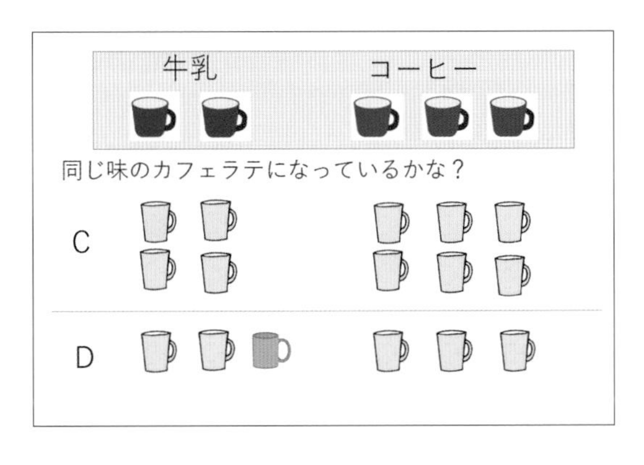

C_4：Ｃは合格です。Ｄは不合格です。ジョッキが余計です。

T：バイトＤのビールジョッキを使うとしたら、この後、どうしたら同じ味が作れますか、バイトＤに教えてあげましょう。

C_5：牛乳をジョッキで１、コーヒーをジョッキで３追加できれば、同じ味が作れます。

T：そうすると、Ｄは牛乳で何が２、コーヒーで何が３になるのかな？

C_6：カップ1とジョッキ1で1つです。

T：そうですね。○で囲むと、スライドのようになります。確かに、牛乳が（カップ1とジョッキ1）が2つ分、コーヒーが3つ分になっています。

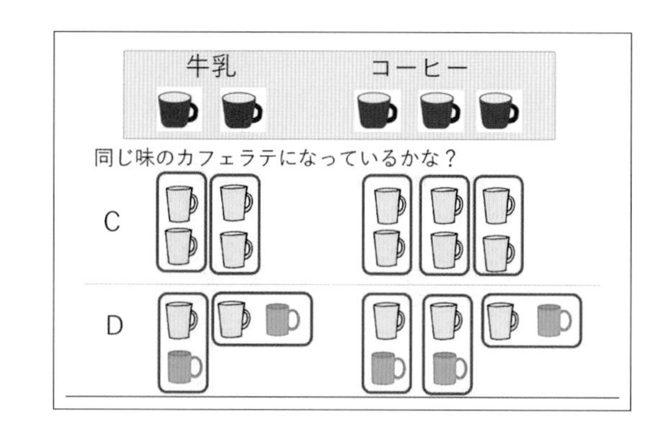

T：続いて、バイトEとFがカフェラテを作りました。2人とも合格ですか？

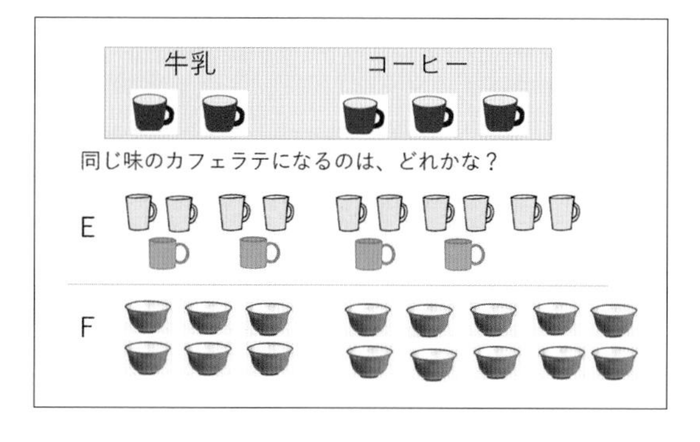

C_1：バイトEは、コーヒーで緑のマグカップが1つ足りません。

C_1：バイトFは、どんぶり3を塊と見ると、コーヒーのどんぶりが1つ余計になっています。

C_1：バイトEもFも、不合格です。

T：それでは、店長として、2人にアドバイスをお願いします。

C_1：バイトEには、コーヒーを緑のマグカップでもう1杯追加させます。バイトＦには、コーヒーをどんぶり１杯減らして、15杯にします。

こうして、

（カップ２）（カップ１とジョッキ１）（カップ２と緑のマグ１）（どんぶり３）

を、それぞれ１つのまとまりと捉えることができました。
最後に、授業のねらいである、

「比は、何を１と見るかによって、いろいろな表し方ができる」

をまとめることができました。

Ｔ：皆さんは、バイトさんにしっかりアドバイスができましたか？　これからも、立派な店長になれるよう、しっかり勉強していきましょう。
今日の授業は終わりです。

小話21　「台形の面積」学習の魅力とは？

「台形の面積」

「台形の面積の授業で思い浮かべることは？」と聞かれて、**「(上底＋下底)×高さ÷２」**の公式だけだとしたら、少し寂しくないですか？公式さえも忘れていたら、さらにがっかりですが。さて、台形の面積の授業の魅力って、どこにあるのでしょうか？

私は、３つあると考えています。

１　「系統性」

単元を通したその学習過程にあると考えます。最強の敵を倒すのにいろいろな武器を用意し、立ち向かっていく戦士のようにも思えませんか。それはワクワクするでしょう。

２　「多様性」

その最強の敵を倒すのも、きまりきったやり方があるのではなく、様々な方向から攻めることができるとしたら、それは楽しいのではないでしょうか。

３　「一般性」

見出した公式をよく見ると、そこから他の公式を導き出すことができ、その繋がりを見出し、式の一般性に触れることができたら感動しませんか。

これって、数学のよさそのものとも言えますね。その魅力を最大限に引き出さない手はありません。それでは、そのよさを具体的に見ていきましょう。

1 「系統性」

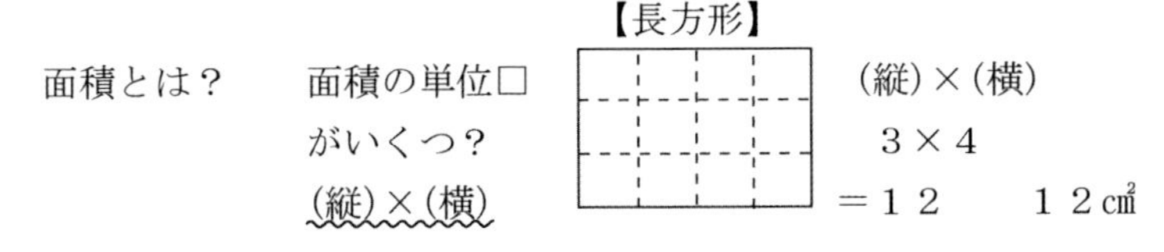

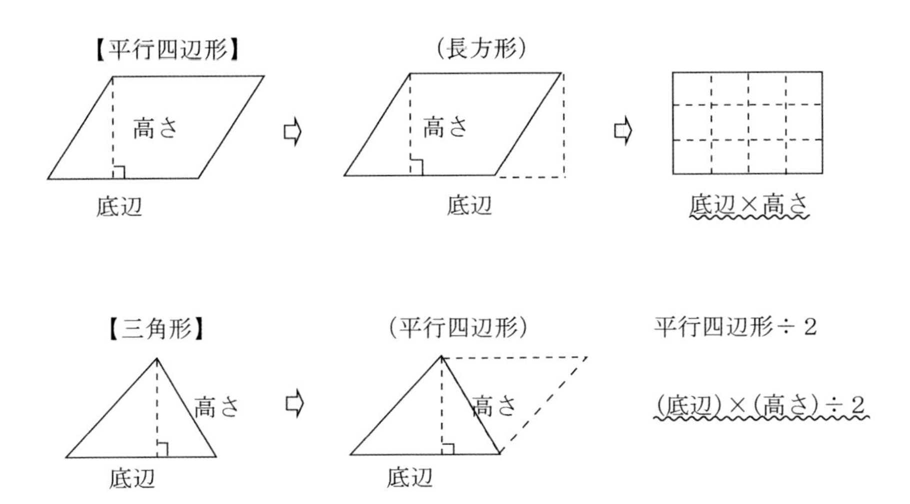

この事実からどんな形であっても基本となる長方形もしくは三角形や平行四辺形などの既習の図形に等積変形できれば、その面積が求められるという考え方が重要になります。

2 「多様性」

面積の基本単位を求める長方形の面積（縦×横）をもとに、平行四辺形の面積を求め、その平行四辺形の面積から三角形の面積を求め、これらを総動員して台形の面積を求めていくという流れになります。

小学生は文字式は使いませんが、次頁のような考え方や解き方を発表し合い、互いに考えを共有できたら楽しいと思いませんか。

解法① 平行四辺形にして

a b

h

b a

$(a+b) \times h \div 2 = \dfrac{(a+b)h}{2}$

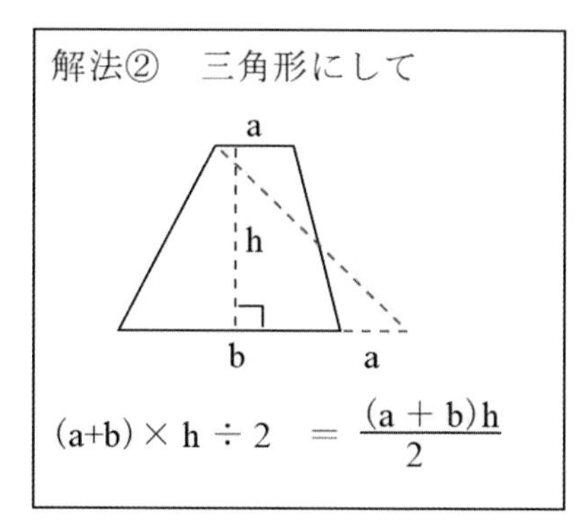

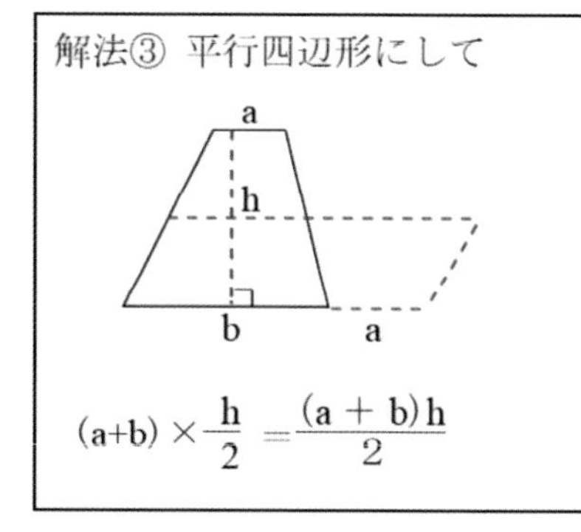

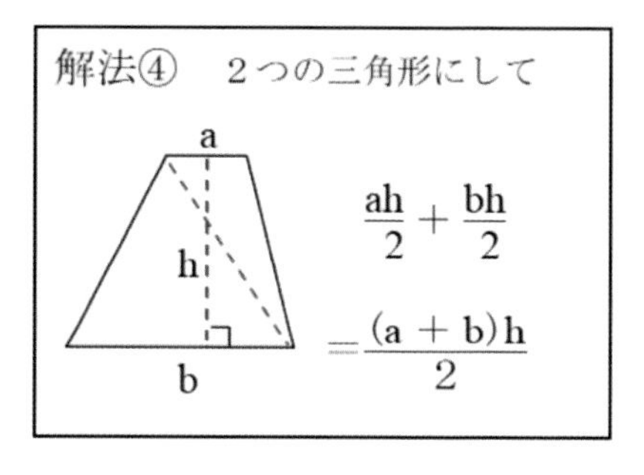

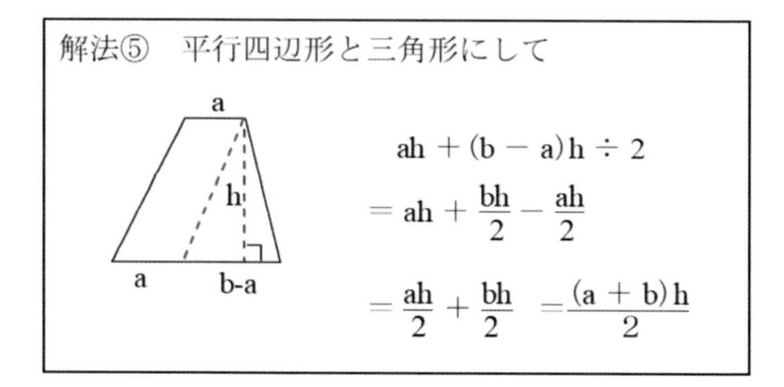

3 「一般性」

これまでに述べてきた「系統性」「多様性」については、特に新しいことではありません。ただ、３つ目の「一般性」については、これまで取り上げられることはなかったのではないでしょうか。最近、自分で気付いて「これは面白い！」と思ったことです。

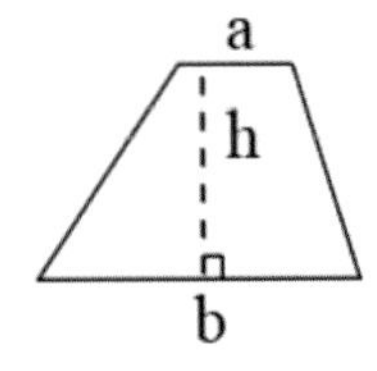

台形の面積 S

$$S = \frac{(a + b)h}{2}$$

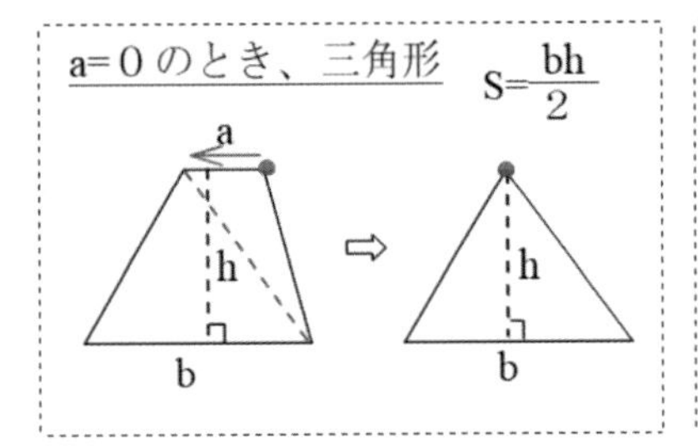

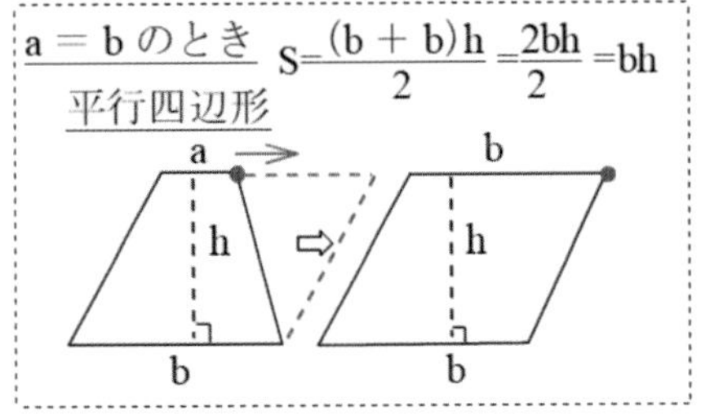

こうして見てくると、「三角形と平行四辺形は、共に台形の特別な形」との見方ができます。公式を観察することで、こうして図形への見方が広がり、面白いと思いませんか。

教材の魅力を意識して授業に臨むことができたなら、子どもと共にさらに教材のよさを引き出すことができるのではないでしょうか。

小話22　探求心と粘り強さに脱帽！

「展開図」

直方体の展開図は、全部で何通りあるの？

立方体の展開図は、教科書でも扱っているので、全部で**11通り**あることは、ご存じだと思います。

立方体

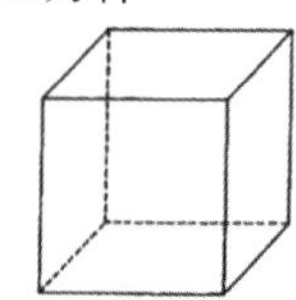

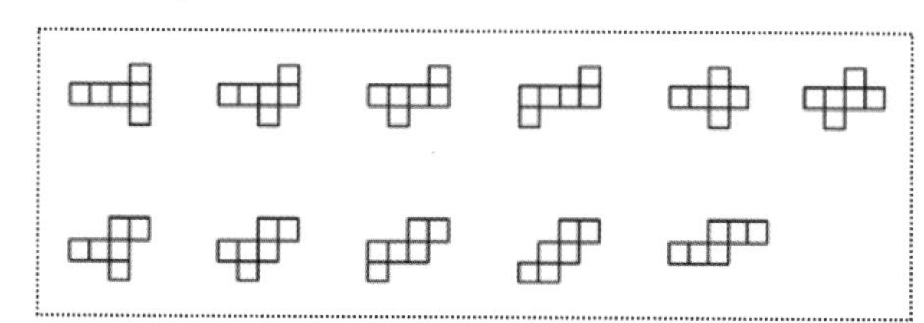

直方体

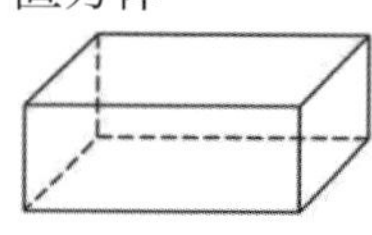

では、直方体の展開図は全部で何通りあるのか、お分かりですか？　すぐに、答えられない方が多いのではないでしょうか。

立方体の展開図の学習の後、そんな疑問を持った小学生が夏休みの自由研究で取り組んだ課題が「直方体の展開図は、全部で何通りあるの？」でした。立方体の展開図を学習した後でしたので、11個の立方体の展開図をもとに、直方体の展開図を考えたようです。素晴らしいアイデアだと思いませんか。その結果が、次の展開図です。

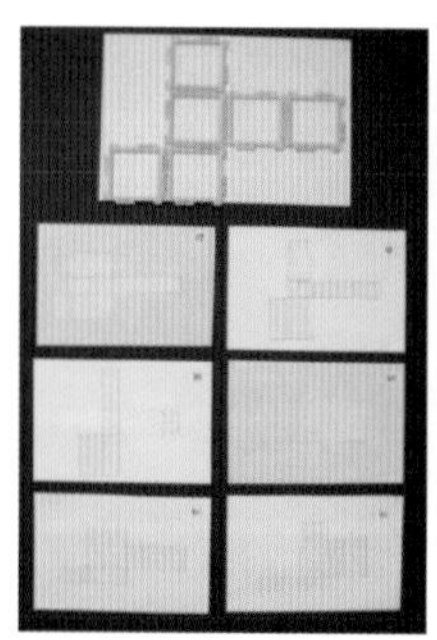

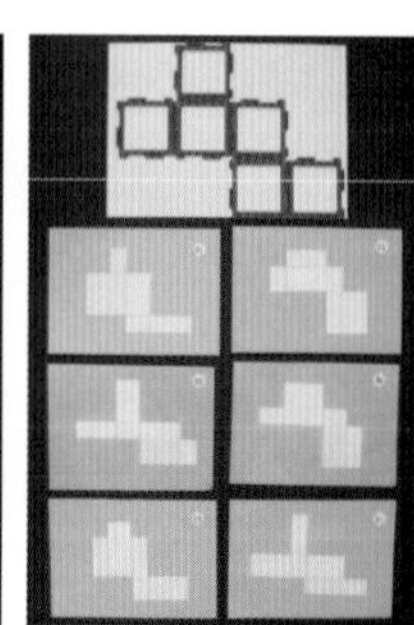

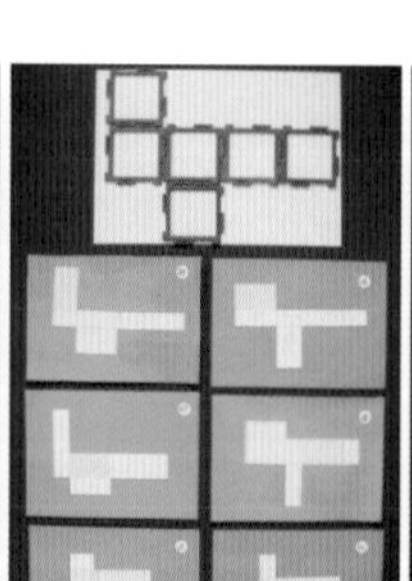

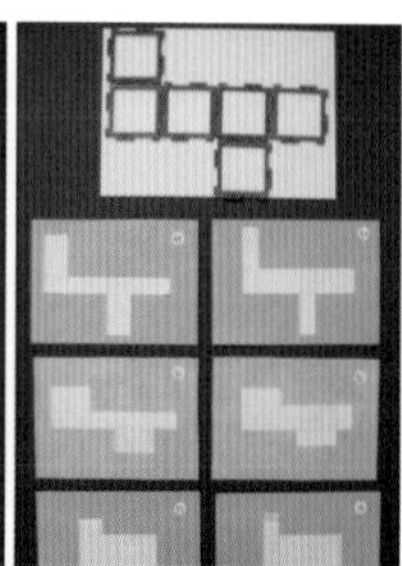

実際に方眼紙で作った展開図を見せてもらいました。確かに、全部で**54通り**です。子どもの探求心と粘り強さに感心し、今でも忘れることができません。

参考までに

正四角柱

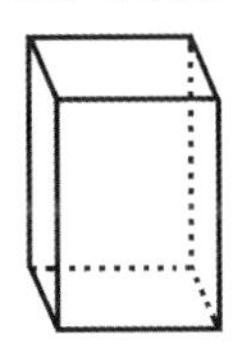

正方形の面１組を含む直方体（正四角柱）だと展開図は、**29通り**。

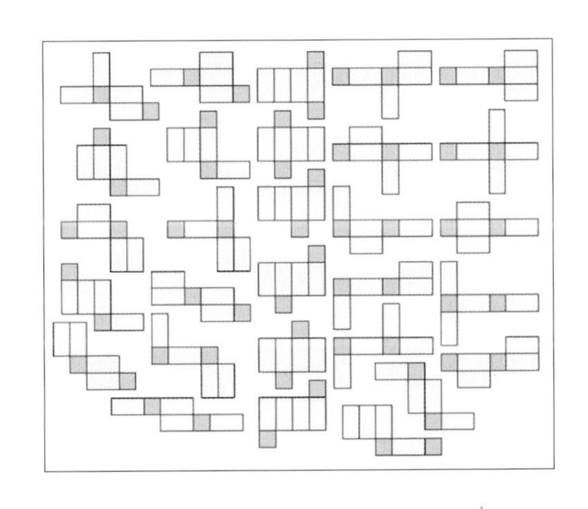

小話23　当たり前と思っていたことが……

「正の数・負の数の計算」

今回は、少し硬い話になりますが、お付き合いください。

例 1　$-10-16\div(-2)$ の波線の扱いを、

(ア)……$=-10-(-8)$
$=-2$

(イ)……$=-10+(-16)\div(-2)$
$=-10+(+8)$
$=-10+8$
$=-2$

(ア)と教科書では扱っているが、(イ)と指導すべきではないのか？

新採のK先生から、突然、上記のような質問を受けました。この疑問に対して、皆さんはどうお考えになりますか？

私は、これまで無意識に(イ)の考えで計算していたので、改めて問われて初めてK先生と同じ疑問を持つようになりました。恥ずかしながら、当たり前のことと思い込み、これまで深く考えてきませんでした。そこで、早速、他社の教科書を調べてみました。

その結果、私なりに以下のように理解することができました。

最初に留意すべきは、かけ算「×」の定義を明確にしておくということです。どの教科書でも「×」の定義としては、「直前の数にだけ作用する」との捉え方になっていました。

例えば、①-3×2と②$(-3)\times2$の計算結果は、どちらも-6ですが、意味は違ってきます。ここでの「×」は、①では3だけを、②では「−」を含めた−3を2倍することを意味します。

ですから、5−3×2での「−」は必然的に符号ではなく、演算の「ひく」になります。式の意味から、5−(+3)×(+2)と書き換えることができます。もし、−3を2倍したものを加えたいときには、5+(−3)×2と書く必要があるということです。

定義から考えると、上記のようになります。ただ、実際の計算では(イ)のように、かけられる数を負の数として計算しても結果が同じになるため、計算上は無理に定義にこだわらず、混乱させないことの方が大切なのかもしれません。いかがでしょうか?

※参考までに——

疑問に思ったときや教材研究する際にも、いろいろ参考になるのが他会社の教科書です。学校で揃えていただくのもいいのですが、一度自分で揃えておくといつでも長く使えるので、決して無駄にはならないと思います。

こぼれ話

世界的に議論を巻き起こした問題として有名なので、ご存知の方も多いと思います。

6÷2(1+2)=1 or 9 ?

1の場合……2(1+2)を「多項式」と見た計算
9の場合……2(1+2)を「×を省略した形」と見た計算

見方によっては、どちらも正しいのです。2つ答えが存在するというのは、2(1+2)の扱いが曖昧だったからです。何事も、最初の定義が肝心ということですね。

小話24　物差しで校舎の長さが分かる！

「拡大、縮小」

私が赴任していた学校の玄関ホールには、校舎の模型が置いてあります。早速、この模型を使った授業を考え、実施してみました。

そのとき、授業で活用したパワーポイントでの映像をご紹介します。上の写真は模型です。模型とはいえ、すごく精密にできていてビックリです。

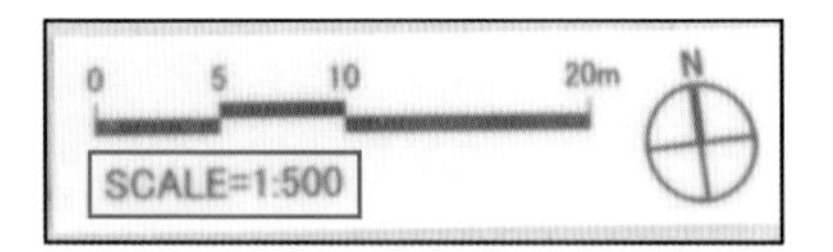

縮尺１：500の模型になります。

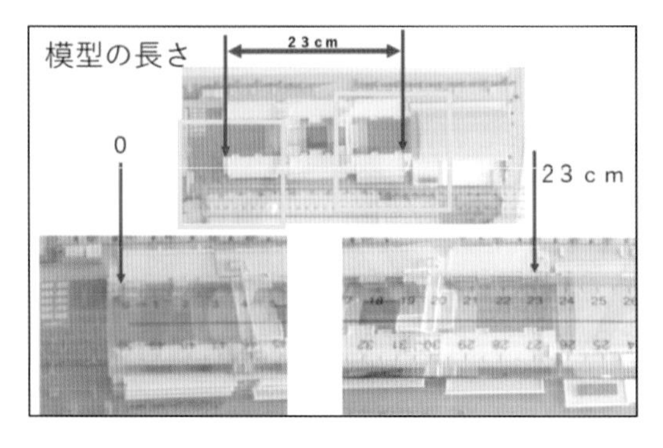

←模型の脇に、30 cm の物差しを添えて、撮影しました。

これにより、どこの長さを測るのか確認し、拡大図を示して実際に目盛りを読めるようにしました。

実際の模型からでも、できるだけ長さを測定する活動を取り入れたいと考えました。

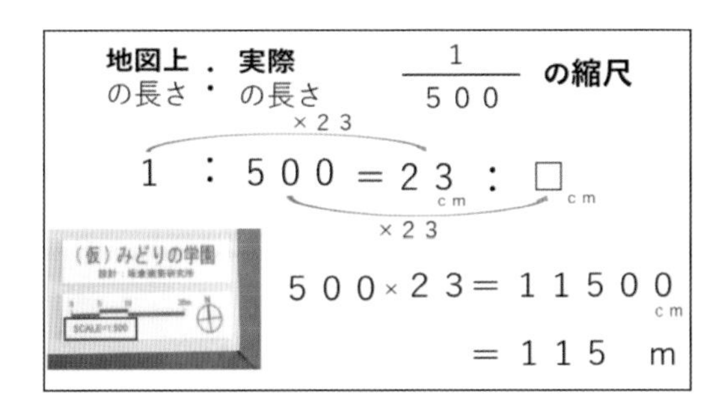

←比例式をかいて、実際の長さを求める式を立てることができました。

結果、115m ということで、子どもたちは改めて校舎の長さに驚いた様子でした。

TOYOTA MAPMASTER INC.　ZENRIN CO., LTD.

←これは、学校の駐車場で私の車のカーナビの画面を撮影したものです。左の100m のスケールで比較しても、100m 以上の長さであることが分かります。

より身近な素材を扱ったことで、学習したことが、実際に役立ったという実感を持てたのではないでしょうか。

小話25　かけ算九九を楽しくマスター！

「かけ算九九」

かけ算九九の指導で悩まれた先生も多いのではないでしょうか。繰り返し唱えて憶えるのが基本ですが、それだけでは飽きてしまいます。そこで、何とか楽しくかけ算九九の練習ができないものかと、いくつか考えてみました。その中で、私一押しの実践事例をご紹介します。それは、名付けて「楽々かけ算九九カード」です。

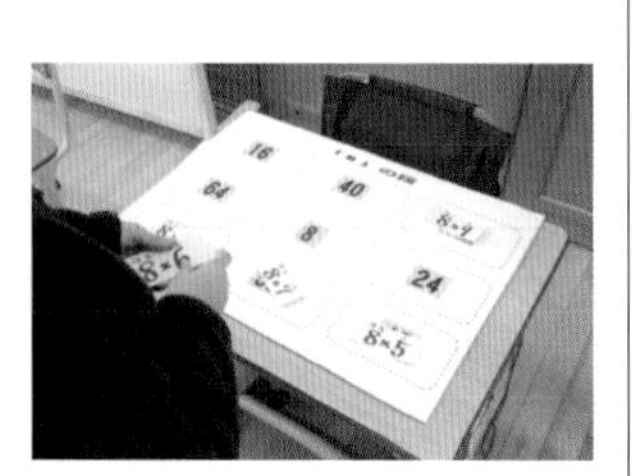

楽々かけ算九九カードとは？

これは、かけ算九九が書かれたカードをその答えとなる数字の上に置いていくだけのものです。単純ですが、実際にやってみると、これがなかなかです。

左上の写真は、初代の「楽々かけ算九九カード」です。子どもとの共同作品です。子どもの好きな果物のイラストを入れて、楽しいシートにしました。

右上の写真は、通常学級でも活用できるようにと拡大印刷したものを段ボール紙に貼り、よりたくさんの子どもたちが、繰り返し使えるようにしました。これが、好評で何度か貸し出しをしたことがあります。使っていただけると本当に嬉しいです。

カード活用で期待される効果

①ただカードを置くだけですので、書くことが苦手な子でも手を動かし飽きずに取り組むことができます。
②分かるカードから置いていくと残った数字で判断できるので、途中で挫折することが少なくなります。
③分からなくなるといつも最初から順に読み上げる子でも、分かるかけ算九九から判断するようになります。

いろいろなやり方で楽しめます

個人で記録に挑戦することもできますが、２人で向かい合い対戦することもできます。また、数人で協力し合って最短時間に挑戦したりとゲーム的要素を取り入れると、さらに楽しくかけ算九九の練習ができます。

最初の準備は必要ですが、一度用意できれば何度も使え、盛り上がること間違いなしです。ぜひ、チャレンジしてみてはいかがでしょうか。おすすめです。

小話26　100兆円　想像できますか？

「大きな数」

100兆円を１万円札で並べると？

ご存じのように、国家予算は現在100兆円を超えています。さて、この100兆円とは、どれほどのお金かイメージできますか？　明確にイメージできている人は、少ないのではないでしょうか？

そこで、次のような課題にしてパワーポイントで子どもたちに提示してみました。

１００兆円は、１万円札を重ねていくと、どれくらいの長さになりますか？
ただし、１００万円は約１ｃｍの長さです。

１ｃｍ

直線距離にすると、つくば市からどの駅に一番近いでしょう？

ア　守谷駅　　イ　東京駅　　ウ　大阪駅　　エ　鹿児島駅

１００万円で、　１ｃｍ
（１０倍）
１０００万円で、　１０ｃｍ
（１０倍）
１００００万円で、１００ｃｍ
１億円で、　１ｍ
（1000倍）
１０００億円で、　１ｋｍ
（１０倍）
１兆円で、　１０ｋｍ

皆さんは、ア～エのどの駅だと思われましたか？　まさか、エの九州の鹿児島駅とは思わなかったことでしょう。それがなんと正解は、エの鹿児島駅なんです。驚きですよね。

確認しよう

１億円で、	１ｍ
１０億円で、	１０ｍ
１００億円で、	１００ｍ
１０００億円で、	１ｋｍ
１兆円で、	１０ｋｍ
１００兆円で、	**1,０００ｋｍ**

実際、子どもたちの殆どがアカイに分かれました。何人かウを選んだ子がいた程度で、エを選ぶ子はいませんでした。期待を裏切っての結果だからこそ面白いんですね。

1 cmの厚さが100万円からスタートして、次第に位を上げていくと、なんと100兆円で1,000 kmに達することが分かります。驚きですよね。ですから、答えはエの鹿児島駅になります。

これで終わるのではなく、今、札の厚さで考えたので？　そうです。札には、広さと重さもあります。この広さと重さで、また問題が作れそうですね。

ちなみに、1万円札の重さが約1gってご存じでしたか？　これも驚きですね。

例えば **問題の条件**を変えて、

条件の

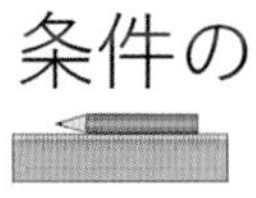

長さを　➡　**重さ**

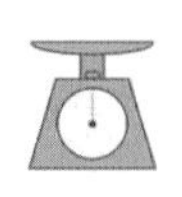

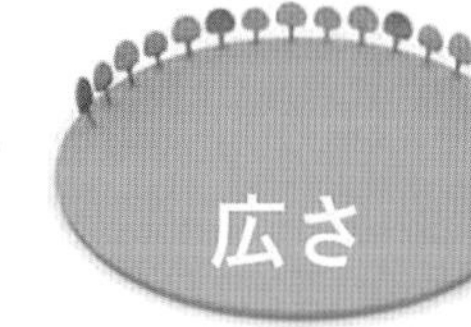

小話27　分数の線の意味は？

「分数」

── ＝ （　　）	その心は？
括線　　括弧	

どちらも１つの数にする「**括**」の字があります。

分数の線の意味を考えたことはありますか？　また、正式な線の呼び名をご存じでしたか？　私は、坪田耕三先生のお話を伺うまでは、分数を書くときに引く線といった認識しかありませんでした。皆さんはいかがでしたか？

坪田先生によると分数の横線を「括線（かっせん）」と言うそうです。この「括」は、「くくる」という意味があります。ですから、一括りにする線ということになります。一方、（　）も１つの数として見て計算することを意味するので、同じ働きを持つことになります。例えば、３分の２のように分母の３と分子の２を１つに括り、１つの数としての分数で表します。式の中に（　）があったら、先に計算して１つの数として扱います。つまり、一括りにして１つの数と見なす点では同じと言えます。

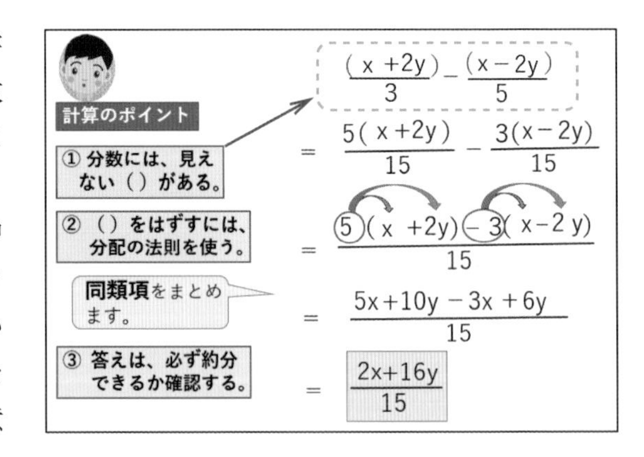

この考え方は、中学校で扱う文字式の分数式で生かされることになります。

文字式の計算の中で、なかなか理解できず、また間違いが多い所なので、右のようなパワーポイントを用意し、授業で取り上げてみました。ご覧のように分数の線の両端には、見えない（　）があると考えるとスムーズに分配法則が活用できることが分かります。

【括線にまつわる面白い話】

坪田先生が「分数の線のこと、何と言うのか先生も知らないな」と子どもたちに話をすると、早速、子どもたちが調べてきたそうです。その結果がとても愉快でしたのでご紹介します。

- 辞書を引いた子
  →「線の上を分子といいます。線の下を分母といいます、とあったので、この名前は、『**線**』」（これが一番多かったそうです）
  →「分数の横線の上を分子といいます。横線の下を分母といいます、とかいてあったので、『**横線**』」（これが２番目に多かったそうです）
- 従妹の中学生に聞いた子
  →「小数のときに小数点というから、分数のときは『**分数線**』」
- お母さんに聞いた子
  →「子どもと母の間で悩んでいるのは父だから、『**分父**』」（５人もいたそうです）
- 電卓に目を付けた子
  →「分数を表示できる電卓の『分の』のキーから名前は『**分の**』」
- お父さんに聞いた子
  →『**セパレーター**』『**バー**』「子と母の間にある線だから『**へその緒**』」

子どもなりに課題に向き合い、算数の話で家族で話題が広がっている光景が素晴らしいと思いました。

小話28　不思議なたし算

「たし算練習」

	3
①	5
②	8
③	3
④	1
⑤	4
⑥	5
⑦	?

⑦の？は、いくつでしょう？　なかなか分かりにくいと思います。では、「112358?」では、どうですか？　そうです。これは13ですね。前の数にその前の数をたした値になる数列です。かの有名なフィボナッチ数列でした。そう考えると、⑦の？は9になります。ただ気になるのが④です。11になるところが1となっています。そうです。特別ルールで、ここでは、1の位だけを記入することになっているのです。
それでは、15番目まで計算してみましょう。すると1になります。ここからが問題になります。

	3	3	3	⑧	4	1	
①	5	2	8	⑨	3	1	
②	8	5		⑩	7	2	
③	3	7		⑪	0	3	
④	1	2		⑫	7	5	
⑤	4	9		⑬	7	8	
⑥	5	1		⑭	4	3	
⑦	9	0		⑮	1	1	?

最初の3は変えずに、①に2を入れて同じように15まで計算してみます。すると、1になりました。

同じように最初の数は3にして、今度は①に8を入れて計算するとします。さて、15番目の数は？

実際に計算してみると分かりますが、なんと1になるのです。すると、同じように①の数を別の数で試したくなりますよね。やってみましょう。なんと、どれも1になるのです。不思議ですよね。ですから、逆に1にならなかったら途中の計算が間違っていることになります。1桁のたし算の練習になると思いませんか。①の数を0〜9まで10回も練習することができます。楽しく計算練習ができます。

最初の数が3のとき15番目が1でした。では、「3以外のときは？」と疑問を持ち、追求する子を育てていきたいものです。

皆さんは、どう予想しますか？　予想1：同じ1に揃う。予想2：別の数に揃う。予想3：揃わない。予想4：15番目でないところで揃う。いろいろ予想を立てることができますね。予想を立ててから、実施すると意欲が高まります。

	3	3	3	1	1	⑧	4	1	7	1	7
①	5	2	8	8	4	⑨	3	1	5	3	7
②	8	5	1	9	5	⑩	7	2	2	4	4
③	3	7	9	7	9	⑪	0	3	7	7	1
④	1	2	0	6	4	⑫	7	5	9	1	5
⑤	4	9	9	3	3	⑬	7	8	6	8	6
⑥	5	1	9	9	7	⑭	4	3	5	9	1
⑦	9	0	8	2	0	⑮	1	1	1	7	7

その結果は、最初の数を1にすると、15番目が7で揃います。ここでも10回たし算の練習ができます。

本当に7で揃うことが分かったら、また疑問が生まれてきますね。

そうです。「別の数字ではどうなのか？」同じように15番目で揃うのか？　実際に確かめたくなりますよね。

そこで、次のような表を作り、クラス全体で分担して確認しても面白いと思います。

実際に調べてみると、下のような結果になります。

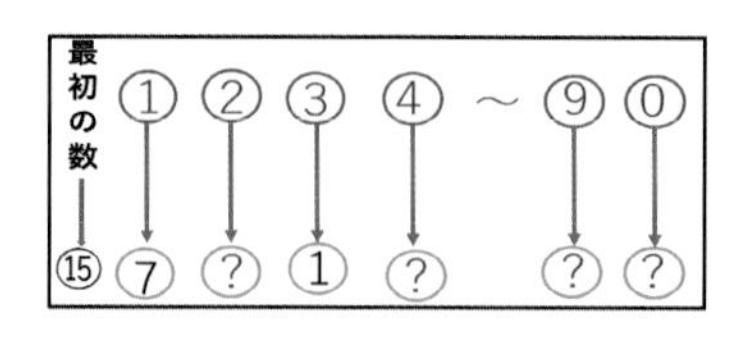

1	2	3	4	5	6	7	8	9	0
7	4	1	8	5	2	9	6	3	0

この表から規則性を見つけ出せますか？

どんな規則性があるのでしょう？

そこで、便利なツール「エクセル」を活用して調べてみることにしました。簡単な演算式を入れるだけで、下のような表を完成させることができました。

最初の数	1	2	3		4	5	6		7	8	9
	↓	↓	↓		↓	↓	↓		↓	↓	↓
１５番の数	7	4	1		8	5	2		9	6	3

	最初の数	1	2	3	最初の数	4	5	6	最初の数	7	8	9		a
	1	5	6	0	1	5	0	0	1	1	0	1	1	b
	2	6	8	3	2	9	5	6	2	8	8	10	2	a+b
	3	11	14	3	3	14	5	6	3	9	8	11	3	a+2b
	4	17	22	6	4	23	10	12	4	17	16	21	4	2a+3b
	5	28	36	9	5	37	15	18	5	26	24	32	5	3a+5b
	6	45	58	15	6	60	25	30	6	43	40	53	6	5a+8b
	7	73	94	24	7	97	40	48	7	69	64	85	7	8a+13b
	8	118	152	39	8	157	65	78	8	112	104	138	8	13a+21b
	9	191	246	63	9	254	105	126	9	181	168	223	9	21a+34b
	10	309	398	102	10	411	170	204	10	293	272	361	10	34a+55b
	11	500	644	165	11	665	275	330	11	474	440	584	11	55a+89b
	12	809	1042	267	12	1076	445	534	12	767	712	945	12	89a+144b
	13	1309	1686	432	13	1741	720	864	13	1241	1152	1529	13	144a+233b
	14	2118	2728	699	14	2817	1165	1398	14	2008	1864	2474	14	233a+377b
○	15	3427	4414	1131	15	4558	1885	2262	15	3249	3016	4003	15	377a+610b
	16	5545	7142	1830	16	7375	3050	3660	16	5257	4880	6477	16	610a+987b

注目していただきたいのが、15番目の文字式です。$377a+610b$ となっています。

$610b = 61b×10$ なので、１の位はいつも０と分かります。

一方 $377a = (370+7)a$。よって、$377a+610b$ の１の位の数は、

$= 370a+\underset{\sim}{7a}$。

$7a$ の１の位の数になることを示しています。

ですから、最初の数が４でしたら７×４＝28となり、15番目の数は８となります。

すると次に、「15番目以外で、同じ数で揃うところはないのか？」といった疑問がわいてきます。こんなとき便利なのがやはり「エクセル」です。早速、調べてみました。

	最初の数	1	2	3	最初の数	4	5	6	最初の数	7	8	9		a	aの項	bの項
	1	5	6	0	1	5	0	0	1	1	0	1	1	b		1
	2	6	8	3	2	9	5	6	2	8	8	10	2	a+b	1	1
	14	2118	2728	699	14	2817	1165	1398	14	2008	1864	2474	14	233a+377b	233	377
○	15	3427	4414	1131	15	4558	1885	2262	15	3249	3016	4003	15	377a+610b	377	610
	16	5545	7142	1830	16	7375	3050	3660	16	5257	4880	6477	16	610a+987b	610	987
	29	2888956	3720996	953433	29	3842389	1589055	1906866	29	2738906	2542488	3374528	29	317811a+514229b	317811	514229
○	30	4674429	6020698	1542687	30	6217116	2571145	3085374	30	4431643	4113832	5460101	30	514229a+832040b	514229	832040

30番目の文字式の $514229a$ に注目すると、９倍した数の１の位に揃うことが分かります。15番目、30番目で揃うと、次は45番目で揃うことが予想されませんか。さて、どうでしょうか？

小話29　華麗なる変身！

「図形の見方」「等積変形」

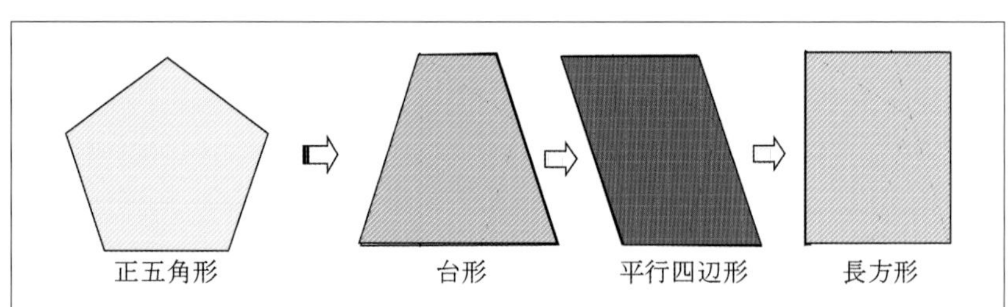

正五角形が、台形、平行四辺形、長方形と見事に形を変えていきます。
さて、その中身はどうなっているのでしょう？

【その正体とは】

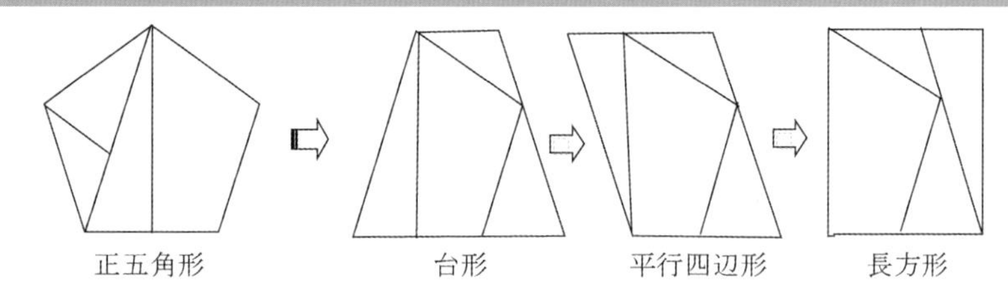

【作り方】

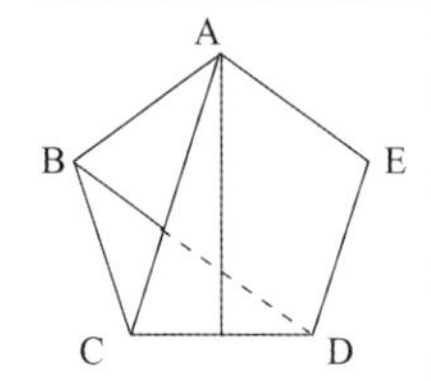

①厚紙やベニヤ板等に、正五角形を作図します。
(※正五角形の作図は、円を描いてその中心角72°でOKですね)
②辺CDの中点と頂点Aを結びます。
③頂点A、Cを結びます。
④頂点Bから頂点Dに向けて、辺ACとの交点まで線を結びます。
⑤正五角形を線に沿って切り、４つのピースに分けます。これで完成です。

【活用例】

これも坪田耕三先生の本で紹介されていたものです。ただ、活用の仕方により楽しみ方も変わってきます。

〈黒板の上で〉

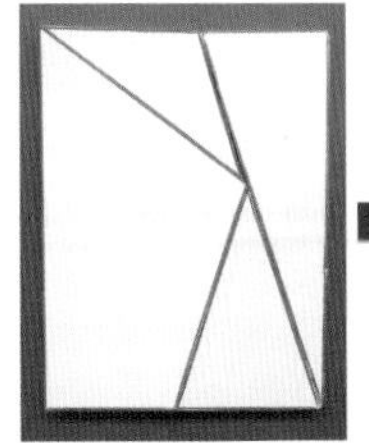

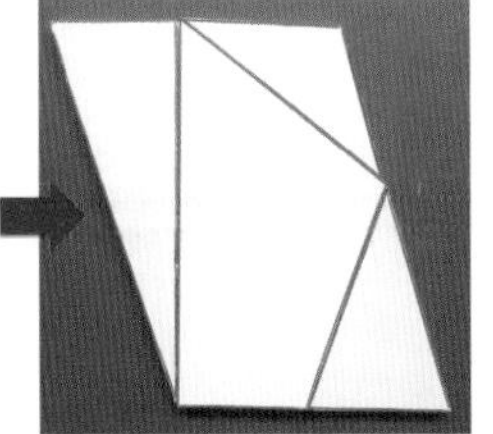

４つのピースを黒板に貼れるように磁石を発砲スチロール等の板で挟んで作ります。
「ここに長方形があります。４つのピースのうち、１つだけ動かして、平行四辺形に変身させられますか？」「また、台形にできますか？」と学級全体に投げかけ、皆で考える楽しさがあります。

〈テーブルの上で〉

休み時間等で、子どもが自由に操作できるように、テーブルに置いておきます。
予め用意された形の上に４つのピースをのせて形を完成させるので、比較的作りやすいようです。

廊下の一角に設置された「算数ランド」には、上記のような楽しい手作り教具が展示されています。児童が、休み時間などにやってきては、教具を通して楽しく交流することができました。

小話30　イメージを形にしてみると

「中点連結定理」「三平方の定理」

事例1：「中点連結定理」（中学3年）

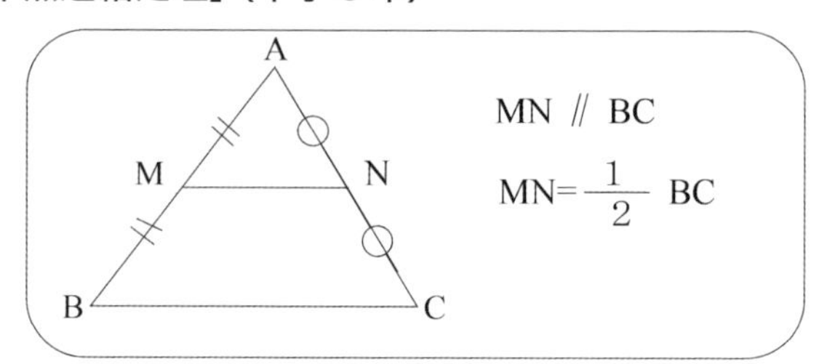

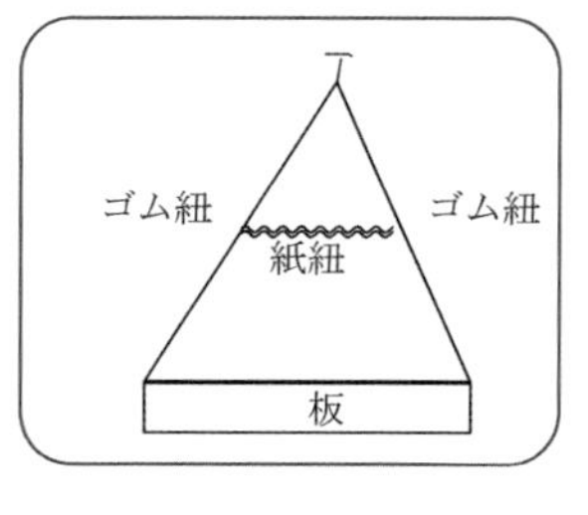

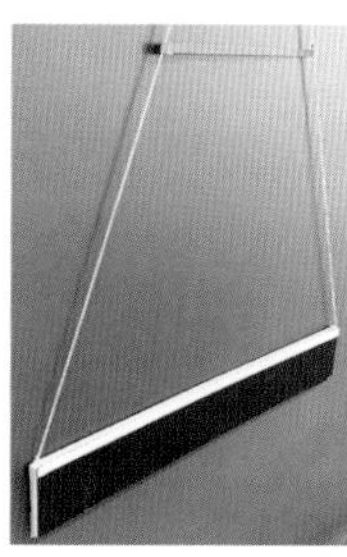

この定理のユニークさを生徒の中に強くイメージさせていくには、動的に提示するのが一番効果的であると考え、左のような教具を作成してみました。

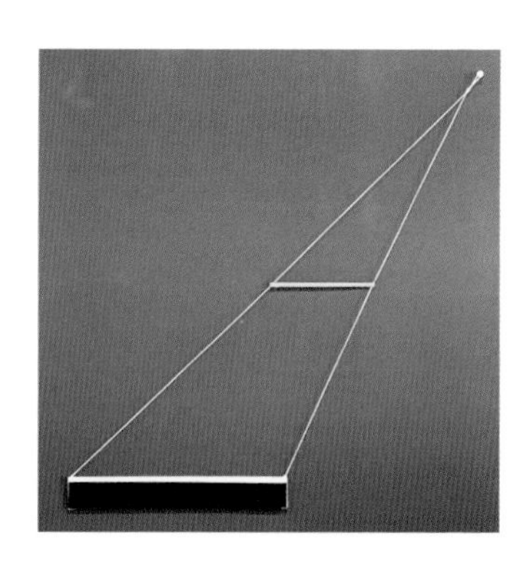

三角形の1辺は固定し、他の2辺はゴム紐にして結びます。2本のゴム紐のそれぞれの中点に印を付け、紙紐で結びつけます。紙紐の長さは、固定された1辺の半分の長さとします。2本のゴム紐を1つに束

ね、引き伸ばして動かしても紙紐は等しい距離を保つため、たるまず、しかも常に底辺に平行になっています。

頂点を写真のように動かしても紙紐は切れずにしかも底辺に平行であるため、生徒にとっては不思議な光景に見えたようです。実際の授業では、動かす前に紙紐がどうなるかを予想させてから提示すると、生徒の関心が高まりさらに効果的です。

事例２：「三平方の定理」（中学３年）

三平方の定理は、直角三角形の３辺のそれぞれの長さの２乗、つまりそれぞれの辺を１辺とする正方形の面積との関係と見ることができます。

そこで、２つの面積が斜辺を１辺とする正方形の面積に等しいことをより強く印象づけたいと考え、以下のような教具を作成してみました。銀色に輝く鉄球を用いたことにより、縦横に整然と並んだ鉄球は美しく生徒には強く印象に残ったようです。数多い玉を移していき、最後の１つがぴったり収まったときは歓声が上がりました。

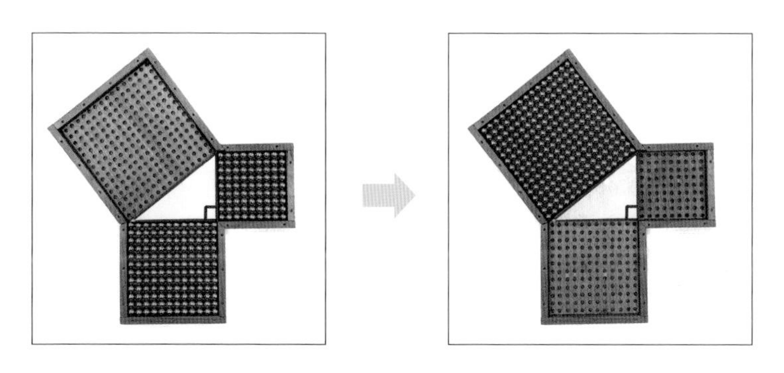

※この教具で、第32回県発明工夫展（一般・教職員の部）で県議会議長賞をいただきました。数年前に、教材用カタログに同じような教具が載っていたので驚きました。

小話31　発見しました！

「わり算」「大きな数」

小話7『計算で「今日の運勢」を占う？』のつづきで、ある事実を発見しました！　3桁の整数で成り立つ性質にも驚きでしたが、なんと9桁の整数でも成り立つことを発見したのです。
実際にランダムに9つの数字を並べてみます。その後に同じ数を繋げて18桁の整数にします。この18桁の整数を7で割ると、いつでも割り切れます。凄くないですか。

それでは、確かめてみましょう。まず、自由に9桁の数を選び、それと同じ数を繋げて18桁の整数を作ります。その数が7で割り切れるか調べてみましょう。

仮に、最初に選んだ9桁の整数を123456789とすると123456789123456789÷7の計算になります。

$$
\begin{aligned}
&123456789123456789\\
&\quad = \underline{1000000001} \times 123456789\\
&\quad = \underline{7 \times 142857143} \times 123456789
\end{aligned}
$$

波線の部分がポイントです。これで7で割り切れることが分かります。

どのようにして見つけ出したかというと、電卓を使い、

3桁のとき、1001÷7＝143

４桁のとき、10001 ÷ 7 ＝ 1428.7...

５桁……のときは、どうかと０を増やしながら続けてみたのです。

すると、なんと９桁までいくと1000000001 ÷ 7 ＝ 142857143となり、すっきり割り切れたのです。

なんとまた、下４桁の7143は、私の携帯の下４桁と一致していたんです。これにも驚きでした。宝くじでも下４桁当たるのは難しいですからね。大げさですが何か運命を感じ、つい興奮してしまいました。下４桁については、どうでもいい話でした。

さらに、この運命の数にはつづきがあります。この運命の数142857143は、７の次の素数11でも割り切れることが分かりました。

つまり142857143 ＝ 11 × 12987013です。次に12987013は11の次の素数である13でも割り切れたのです。もし、17で割り切れたら凄いことですよね。残念ながら割り切れませんでした。では、その次の素数19で割ってみたら、なんと割り切れたのです。

142857143 ＝ 11 × 13 × 19 × 52579

ここまできたら、52579が問題になりますね。実際、100までの素数で割ってみたのですが、どれも割り切れませんでした。ここで自力での確認を断念して、ネットで調べてみたら、52579は素数だと分かりました。

結局**1000000001 ＝ 7 × 11 × 13 × 19 × 52579**のように素因数分解することができ、７、11、13、19、52579の数で、いつでも割り切れることが分かります。

それでは、実際に18桁の数が７で割り切れるか、確認してみましょう。

18桁の計算ができる電卓がないので筆算で計算します。

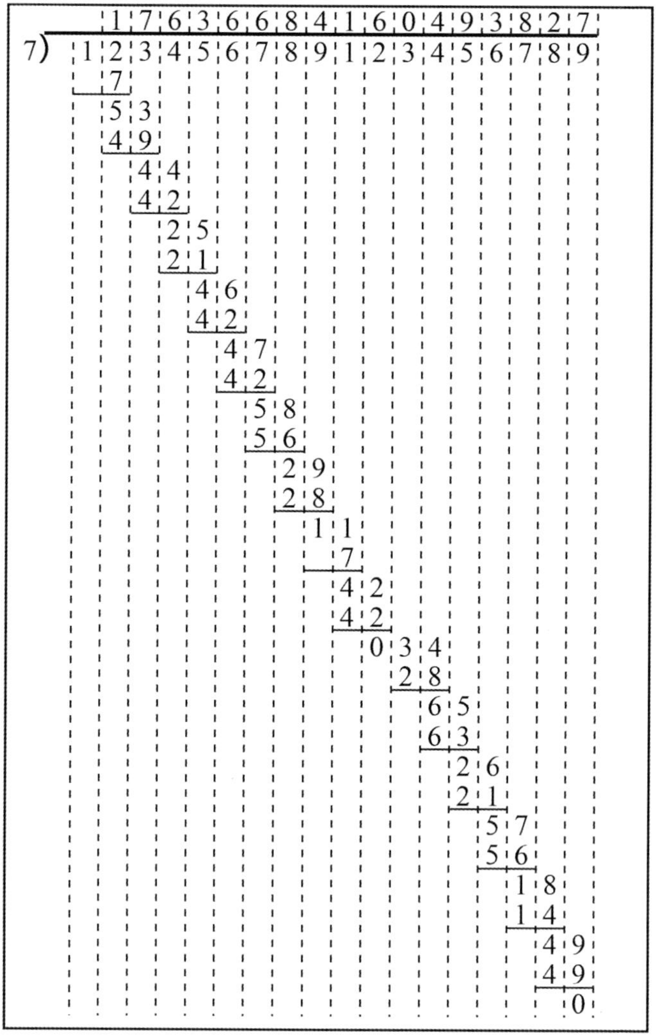

```
    17636684160493827
7) 123456789123456789
    7
    53
    49
     44
     42
      25
      21
       46
       42
        47
        42
         58
         56
          29
          28
           11
            7
            42
            42
             034
              28
              65
              63
               26
               21
                57
                56
                 18
                 14
                  49
                  49
                   0
```

実際に計算してみると、７の段の九九とひき算の繰り返しです。ようやく１の位までたどり着き最後に割り切れたときには、達成感を味わうことができました。７の段の九九とひき算の練習にもなります。最後にあまりが出たらどこかで間違っていたことになるので、自分で答えの確認ができるのも面白いところです。最後にあまりが０となると、気持ちもすっきりです。一見、ものすごい計算に見えますが、一つ一つの計算はごく簡単なものなので、やり始めたら最後まで頑張れます。
実施する際は、位が分かる罫線を引いたプリントを配付し、横線を引かせる定規を用意させましょう。では、子どもたちに自由に９つ整数を決めさせ、同じ数を繋げて18桁の数を作らせます。作れたら、７で割る筆算です。きっと、夢中で取り組んでいくことでしょう。そして、あまりが０を確認して、あちこちで「やったー」といった歓声が上がるでしょう。計算が終わったら、子どもに求めた商を聞いてみましょう。
「１京７千６百３十６兆６千８百４十１億６千４十９万３千８百２十７です」
大きな数の読み方の学習にもなります。

恥ずかしながら「この世界でこの事実を知っているのは、もしかして自分だけ？」、そんな妄想を抱いてしまいました。いずれにしても自分の力で発見できたことは、本当に嬉しく興奮します。こうした思いは、子どもにとっても同じだと思います。
どんな些細なことであっても、子どもが自分で見つけたという体験は大きな力になります。そのためには、先生が必要以上に教えないこと、実際にやらせてみること、問題を解いたら終わりでなくそこから問題を考える体験を持たせるなど、様々なアプローチがあると思います。すでに分かっていることであっても、子どもが「自分が発見した！」と思える体験を持てるよう、常に心がけていきたいものですね。

小話32　子どもの問題意識を高めるには？

「容積」

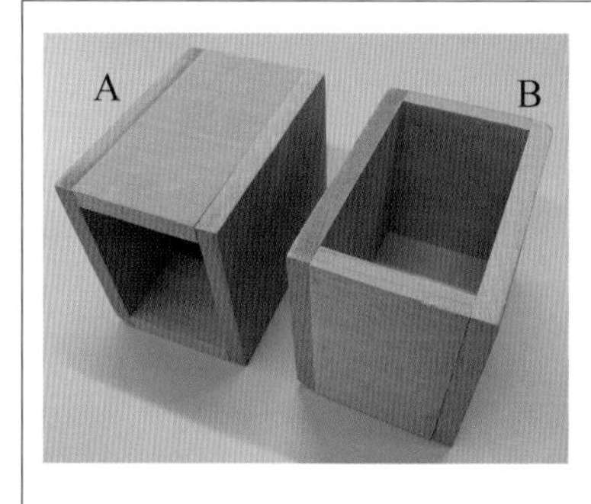

左のような２つの容器があります。いずれも、外側は、縦、横、高さはそれぞれ等しく、同じ大きさの直方体になります。違いは、間口の場所です。Ａは、間口はＢに比べて狭くなりますが、深さがあります。一方、Ｂは、間口は広くなりますが、Ａに比べると浅くなります。

さて、どちらの容器に物がたくさん入ると思いますか？

アＡ>Ｂ、イＡ=Ｂ、ウＡ<Ｂの３択にすると、予想がほぼ３つに分かれます。だから面白いのです。その訳を聞くと、アと答えた子は、Ｂに比べると深さがあるから。イと答えた子は、縦、横、高さが等しく、入れ物の厚さも同じだから。ウと答えた子は、Ａに比べて間口が広いから。主に、このような理由でした。

それでは、実際に容積を求めて確かめてみましょう。と投げかけると、その取り組み方も違います。それぞれの考えを確かめようと、熱心な取り組みが見られます。

容積にあたる部分の縦と横の長さは、厚みの２つ分小さくなります。高さは、底の厚み分だけ短くなります。こうした内容も不安に思ったとき、実際に物があると、手にとって確かめることができます。

Ａ、Ｂのそれぞれに対して、式を立てて計算により容積を求めることができます。

皆さんは、ア～ウのどれだと思いましたか？「え！　数値がなければ、分かりません」といった声が聞こえてきそうですが、実は数値がなくても納得のいく説明ができます。お分かりですか？

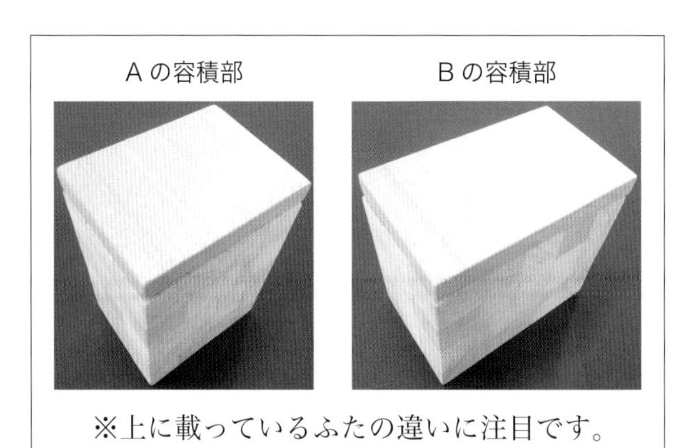

※上に載っているふたの違いに注目です。

上は、２つとも１つの直方体（共通な容積部）の上に板が載っていますが、それぞれA、Bの容積を表しているのがお分かりでしょうか。直方体部分は同じです。違いは、ふたに当たる板の大きさです。そうです。容積の違いは板の容積の違いになります。お分かりのように、ふたの板の違いは、間口の広さによるものです。ですから、間口の広いBの方が、ふたの違い分だけ容積が大きいことになります。答えはウです。

こぼれ話

写真にあるこの木製の容器は、私自身の手作りです。ホームセンターで板と立方体の木片を購入して作成しました。入れ物よりも中身の直方体を作るのが大変でした。立方体の木片をボンドでつなぎ合わせても、それだけではなかなか容器に収まりません。

そこで紙やすりで少しずつ削りながら調整し、ようやく入るようにしました。中身の直方体が容器に収まるとき、削り粉をそっと煙のように舞いあげながらスーッとゆっくり沈み込む様は、気密性の高い桐ダンスのような光景でとても気持ちのいいものでした。

小話33　魔法使いとの出会い（魔法使いシリーズ１）

「１次関数のグラフ」

皆さんは、プログラミング学習ソフトの「Scratch」を実際に使われたことがありますか？　私は、４年前の夏の校内研修で、初めて操作する機会がありました。「進む」「回る」などの動作指令を簡単にプログラミングすることで、画面上のキャラクターを自由に動かすことができました。そこで、ふと頭に浮かんだのが１次関数でのグラフの傾きでした。これが、これから始まる「魔法使いシリーズ」のきっかけになりました。

研修後、すぐにキャラクターの代わりにドット「・」を使って、２つの数値で傾きを決定し連続してプロットできるプログラムを設定してみました。最初にプログラムを動かし、実際に点が動いたときには驚きでした。数値を変えることで、連続する点が光線のごとく角度を変えて発射されていきました。まさに直線のグラフをイメージさせるものでした。これまでにない面白さを感じました。

まず、光線を発射するキャラクターが必要だと思い探したところ、Scratchの中にちょうどイメージがぴったりの魔法使いがいたのです。魔法の杖から、まさに光線を発射するかのようなポーズをしていました。これでキャスティング決定です。これが、私と魔法使いとの最初の出会いでした。

この魔法使いを見ていたら、皆さんも光線を発射したくなりませんか。では、早速、Scratchで光線を発射させてみましょう。

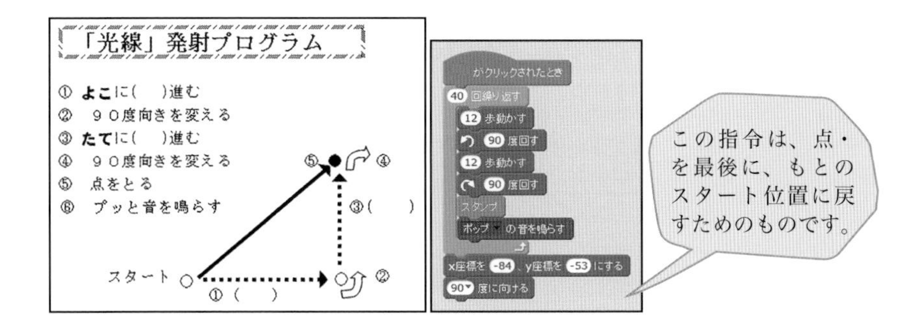

これが、実際にワークシートで用いたもので、光線発射のプログラムになります。光線の発射イメージができましたか。

その隣がScratchによるプログラミングです。

ご覧のように簡単なプログラムですので、初めての子どもであっても抵抗なく完成することができました。そこが、この実践のポイントの1つです。

では、スタートキーの旗をクリックしてみましょう。現在、横に12、縦に12が初期値として入力されているので、ご覧のようにちょうど直角二等辺三角形となるため傾きは45°で発射されます。

ただ光線を発射するだけでは、面白くありません。何か標的が欲しくなりませんか。実は、この標的の進化こそが、この魔法使いシリーズの進化とも言えます。さあ、どんな標的がどう進化していくのでしょう。

小話34　風船に謎の穴？（魔法使いシリーズ２）

「同じ大きさの分数」

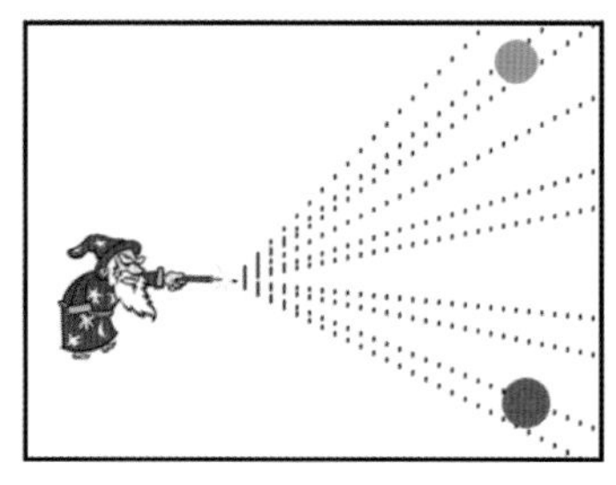

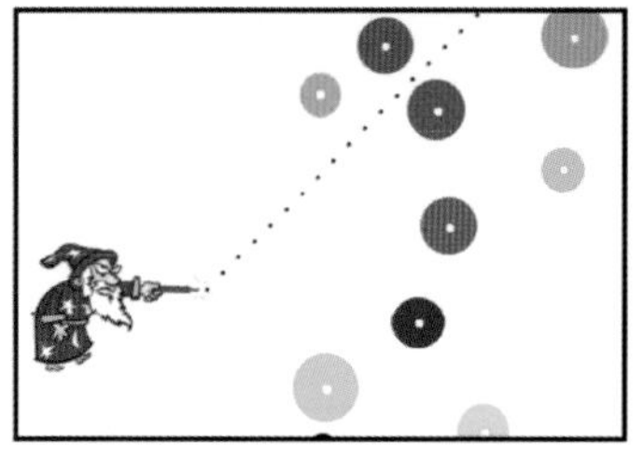

ご覧のように、最初、標的を空に浮かぶ円（風船）にしてみました。実際やってみると、あまり面白くありません。簡単に当たってしまうのです。では、円を小さくすればと考え小さくしたものの、今度は当たっているのか外れているのかの判定が難しいのです。

そこで、風船の真ん中にホールを開け、そこを通すことを考えてみました。すると、およその傾きを決めてからホールを通すために調整が必要となり、そう簡単には命中できず面白くなってきました。面白さには適度な困難性も必要だと言われますが、まさにその通りだと思います。

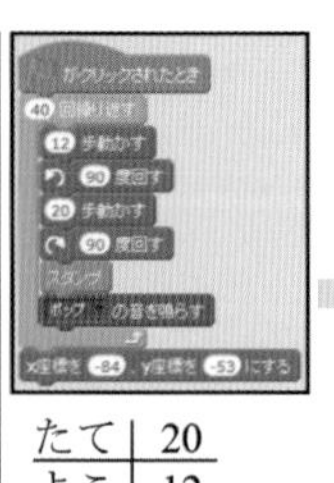

たて	20
よこ	12

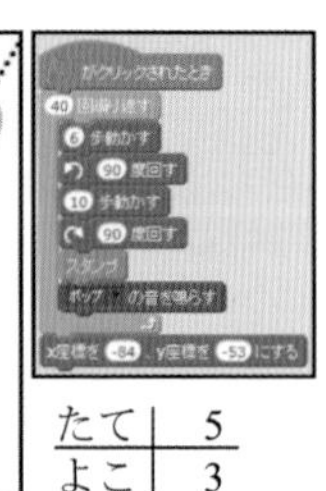

たて	5
よこ	3

さらに、重要なことに気付きました。ピンポイントで命中させるには、どうしても横の長さの調整が必要となるということです。それまでは、横の長さを仮に12と固定しておいて、もっぱら縦の長さだけを調

整して発射角度を決めていたのです。しかし、ピンポイントで命中させるには、横方向、つまり分数で言うと分母の数を変える必要が出てきたのです。これにより、偶然にも「同じ大きさの分数を作る」活動が生まれました。

こうして標的を工夫することにより、「1次関数のグラフの傾き」だけでなく、小学校5年生で学習する「大きさの等しい分数」の内容に繋がることが分かりました。「約分」が重要な問題解決の糸口になったのです。風船に穴を開けただけでしたが、結果的に、大きな進化を遂げることができました。

ゲーム的な要素もあり楽しく取り組めることが分かり、親しみを込めてこの教材を「魔法使いの風船割り」と名付けることにしました。

【留意した点】

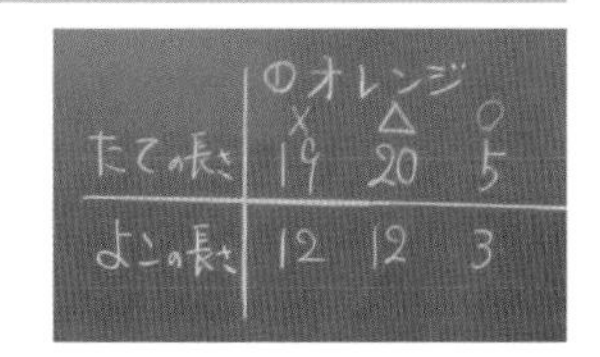

- 縦と横の長さを同時に変えると収拾がつかなくなるので、まず横の長さは12で固定し縦の長さを変えることで、傾きを変えるようにしました。
- データをもとに次の一手を考えられるように、記録をとってから光線を発射させるようにしました。記録の際、はずれは×、傾きが合っていてもピンポイントで命中しなければ△、ピンポイントで命中で○としました。

小話35　新たな問題との遭遇！（魔法使いシリーズ3）

「同じ大きさの分数」

昼休みに、ときどき教室に遊びに来る5年生の中の2人に声をかけ、この Scratch を紹介してみました。すると、すぐに興味を持ち始めプログラムを完成させるやいなや、風船を次から次へと命中させては、2人で喜んでいました。

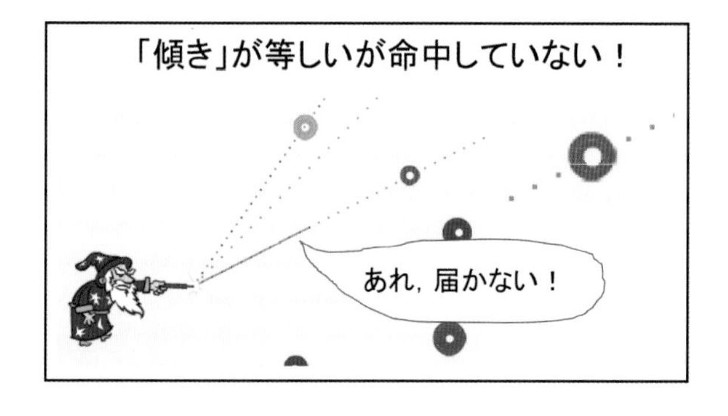

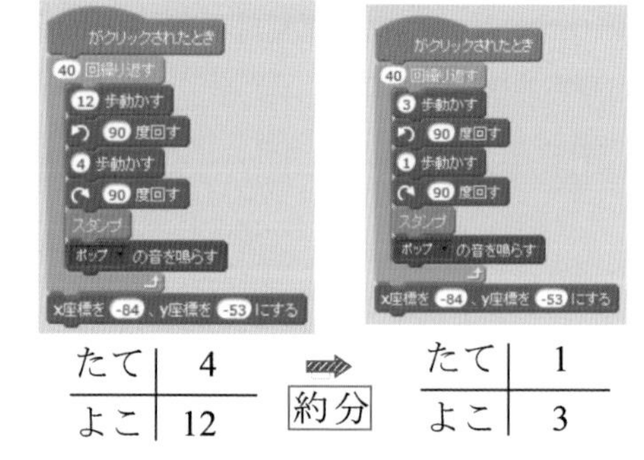

ところが、ある風船までくると、突然、光線の数が足りなく標的までたどり着けない事態が発生しました。思わず、「え！」と声を上げていました。子どもたちにとって思いも寄らない問題との遭遇でした。前の風船と同じように横の数（分母）を約分によって小さな数にしたために、小刻みに光線が発射され、球数が尽きて標的の手前で止まってしまったのです。さあ、この事態をどう打開しようとするのでしょうか。すでに、発射できる回数は40回で、変えられないことは伝えてあります。ですから、回数を増やすことはできません。

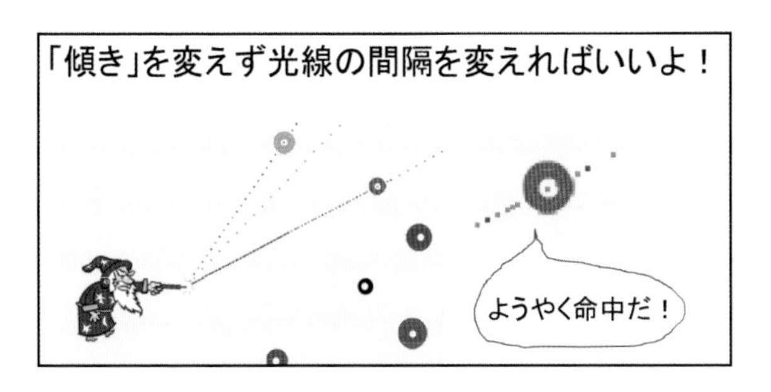

たて	1
よこ	3

×2
×2

たて	2
よこ	6

さあ、この後この２人がどうするか、しばらく様子を見ていたところ、約分した分数をよく観察し、分母、分子を２倍した数を書き込み始めました。約分により分母を小さくし過ぎたのを２倍して少し大きくしてみたわけです。実際に、これで光線を発射すると飛距離が伸び、見事標的にたどり着くことができました。この課題もクリアでき、２人でハイタッチをしている光景が、何ともまぶしく達成感にあふれていました。わずか20分程の休み時間の出来事でしたが、充実した時間となっていたようです。

光線をピンポイントで命中させるという明確なミッションであること、また、解決にこれまで学習したこと（分数での学習）を生かすことができた点が、この教材のよさだと考えています。

小話36　「モンスターハンター」誕生！（魔法使いシリーズ4）

「大きさの等しい分数」

「魔法使いの風船割り」は、個々に解決に時間差はあったものの誰もが最後まで諦めず取り組めた点が、この教材の持つよさだと考えています。ただ、一方で算数を苦手としている子であっても、自力で自由に試行錯誤を繰り返しながら、楽しく学べる教材に改良できないものかと考えるようになりました。

そこで、生まれたのがこの**「魔法使いのモンスターハンター」**です。標的を風船からより興味をそそるモンスターにしました。さらに、光線を標的まで誘導するトンネルを用意し、しかもトンネルの入り口をねらうことで、光線を発射しやすくしました。

光線の発射プログラムは、魔法使いの風船割りと同じです。同じように、初期値の横12、縦12から光線を発射して、この傾きを基準にして縦の値を変えていきます。

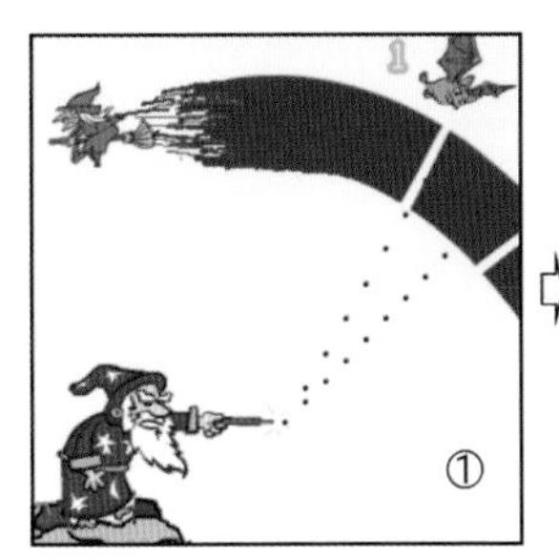

それでは、最初のモンスター１を退治する様子を再現してみましょう。基準から予想して、まず縦20にして光線を発射します。すると、おしくも壁に激突し通過しません（①）。そこで、１つ増やして21にします。すると、トンネルを通過しモンスターにようやく命中です（②）。ただ、見てもお分かりのように光線がまばらで勢いがありません。これでは撃退できません。光線を最強にする必要があることを伝えます。傾きを変えずに最強にするには、横の長さ、つまり分母の数を分数の大きさを変えずに、最小にする必要があることを伝えます。つまり、約分です。

すると、分母分子を共通の約数３で割り、４分の７にして光線を発射します。ご覧のように、強い光線となりモンスターに命中できました（③）。これで撃退し完了です。このようにして、まず光線の傾きが定まったら、後は約分をして光線を最強にしていきます。

次に問題となったのは、モンスター４の撃退のときです（次頁参照）。

傾きを小さくするために、縦を１としても壁に当たって通過しません（①）。「１より小さい数は？」と問うと、0.1と返ってきたので、ここに入るのは整数だけだと伝えると、ようやく０だと気付きました。

モンスター４をめがけて光線は発射されましたが、まだ最強とはなっていません（②）。「分母はいくつまで小さくできるか」と問い、実際にやってみると最小１まで可能でした。そこで、最強の光線で発射したとき、ご覧のように半分も行かないところで止まってしまいました（③）。

ここで、「回数をいくつにしたら到達できるのかな？」と問うと「80

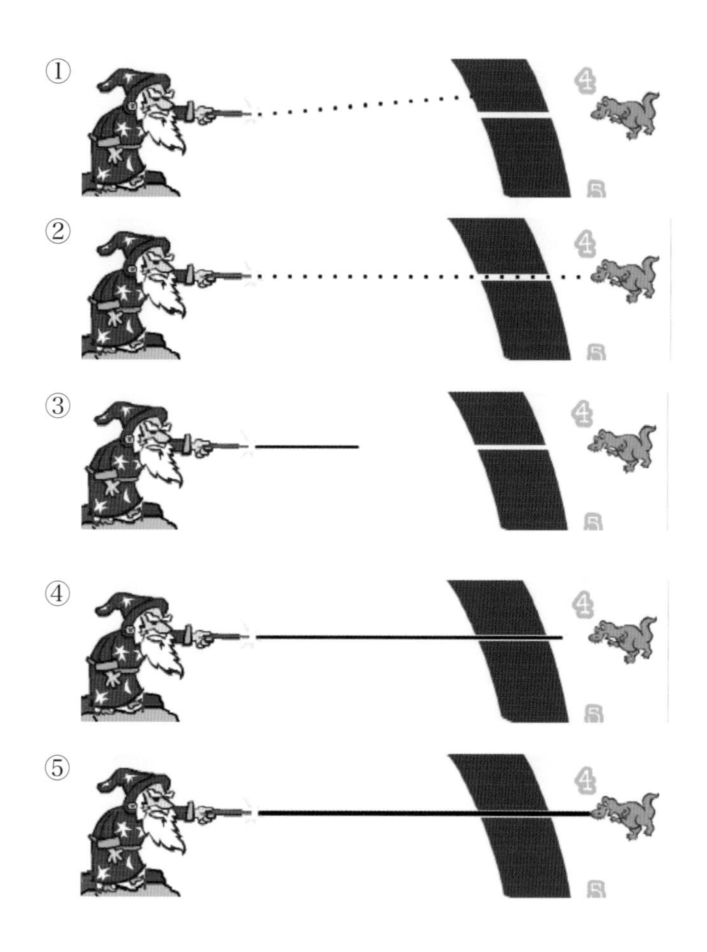

でここの位置だから、その３倍かな？」と240を入れることになりました。まだほんの少し足りません（④）。そこで、250を入れることにしてみました。これでも及ばず。そこで260を入れると、ようやくモンスターに到達できました（⑤）。届いたときには歓声が上がりました。光線が音を立てながら次第に接近していく様子が、何とも期待を盛り上げてくれます。

モンスター４を倒すと、０よりも下とのイメージから自然にマイナスの数が出てきていました。モンスター５も、同様に倒すことができました。

今回の魔法使いのモンスターハンターは、同じ大きさの分数を新たに見つけ出す必要がなく、約分さえできればクリアできました。ただ、標的までに回数が足りないときは、増やす必要がありました。それでも、よりシンプルで分かりやすくなっているため、誰でも気軽に参加できるようになったと思います。

振り返ってみると、これまでICTの活用やプログラミングの実践事例として、この「魔法使いの風船割り」の授業は、何度も公開の機会をいただきました。そして、教室を訪問してくださった方々に、子どもたちの頑張る姿を見ていただきました。

特に、お二人の文部科学大臣に授業を参観していただいたことは、大変光栄なことでした。また、何よりも子どもたちが夢中で取り組んでいる姿を見ることが、本当に嬉しく私にとっても楽しい時間でした。お陰様で子どもたちからエネルギーをいただき、ご覧のように少しずつですが、スクラッチの教材も進化を遂げることができました。

これからも、子どもが夢中で取り組める教材開発に取り組んでいきたいと考えています。皆さんもぜひ、教材開発にチャレンジしてみてはいかがでしょうか。思いもよらぬ新たな展開が待っているかもしれません。

写真右、柴山昌彦元文部科学大臣

小話37　「最接近ゲーム」誕生！（魔法使いシリーズ５）

「比」

魔法使いのモンスターハンターで、標的に向けて光線が小刻みに音を立てながら次第に接近して行く様子をワクワクしながら見つめている子どもの姿を見て、次のようなゲームを考えてみました。

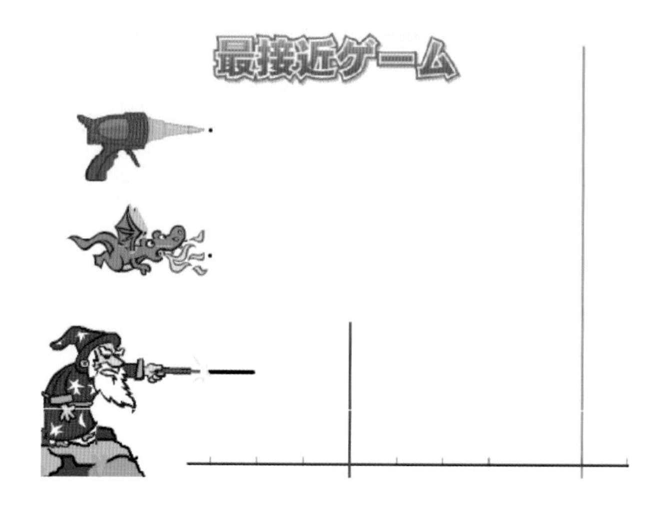

３人が同時に対戦できるように発射口は３つ用意しました（下から、魔法使い、恐竜、銃）。数直線の目盛りを参考に、予想を立てて回数を入力します。その際、規定のラインを越えず一番最接近できた人が勝ちというゲームです。正確に回数を決定するには、置かれている状況から情報を正しく読み取り、比例関係から式を立てて計算で求める必要があります。ここでも学習したことが、生かされるところが面白いところです。上の画面は、魔法使いが横35で光線を発射したところです。

では、実際のゲームの様子を再現してみましょう。登場人物は、休み時間によく訪問してくる６年生メンバーの中の２人でＡ君、Ｂ君です。
Ｔ：ルールが分かったとこで、まず、魔法使いが横35で今光線を発射

　　します。これを参考に、青のバーちょうどにするには、横いくつにしたらいいと思いますか？

A：目盛りを見ると３つ分だから、３倍して105だと思います（Ｂ君もうなずく）。

T：では、やってみましょう。

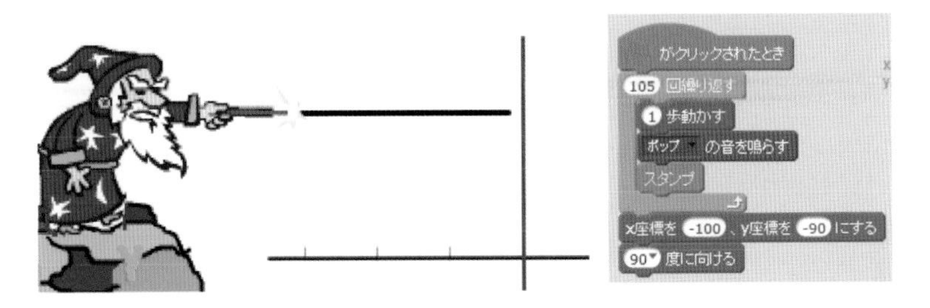

B：あれ！　少し足りない。107かな？

（この後、試行錯誤しながら110で落ち着く）

T：ここからがゲームです。右端の赤いバーを見てください。このバーを越えないところで、できるだけ接近させてください。少しでも越えたらアウトです。バーに近い方が勝ちです。さあ、回数を決めていきましょう。

A：目盛り６のところで、110の倍で220だから、それに110の半分よりずっと多いから80をたして290かな？

B：回数と距離は比例関係にあるから、比例式を立てて計算すればいいと思う。

T：さすがですね。学習したことを思い出して、それを使おうとしているね。Ｂ君の言っていることを数直線で表すと、こういうことかな(先生、ヒントの出しすぎでは！)。

ここで終わればいいのですが、この後も、先生の暴走が止まりません。数直線に矢印を入れ始めました。

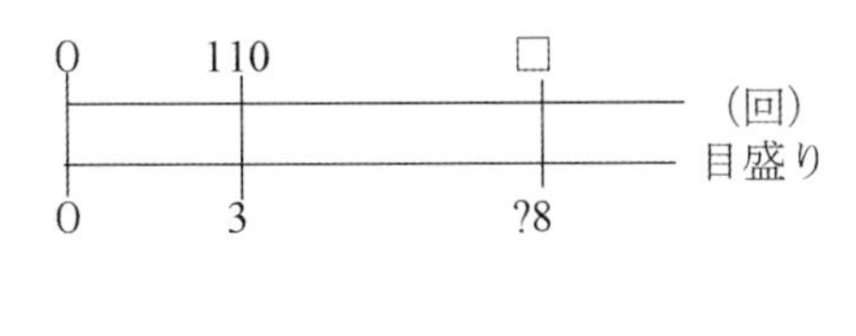

先生は、矢印を書き込むとA君とB君の反応を待ちます。しばらく待っても反応がないので、次のように誘導し始めました。

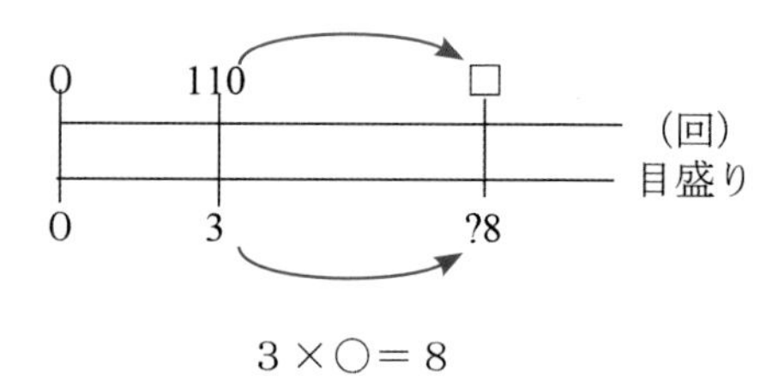

T：3は、○倍すると8になるから……。

と言って、3×○＝8を書き込みました。

T：ということは、110も○倍すれば□ということですね。

ついに、最後まで誘導してしまいました。

B：先生！　目盛り1のとき35でなく110÷3で約37とすると、37×8で296でいいと思います。

T：確かにその通りですね（頭をかきながら、数直線に基準となる値を書き入れる）。
そうです。基準が大切でした（強調するように赤枠を書き添える）。
このように基準を求める方法もあるけれど、比例式を立てる求め方もあったのを覚えていますか？　3：8＝？

A：思い出しました。3：8＝110：□です。ですから、□×3＝8×110。
□＝8×110÷3＝293.3...約293回になります。予想の290を293回に変更します。

B：僕は、1回が37回と考えて、A君には負けたくないので296回にします。

これで、いよいよ検証の場になりました。

Ａ君が恐竜、Ｂ君が銃です。

スタートの旗をクリックすると、一斉に発射された光線が、小刻みに音を鳴らしながら、ゆっくり進んでいきます。

光線が標的の赤のラインに近づくにつれて、２人の興奮が最高潮に達します。

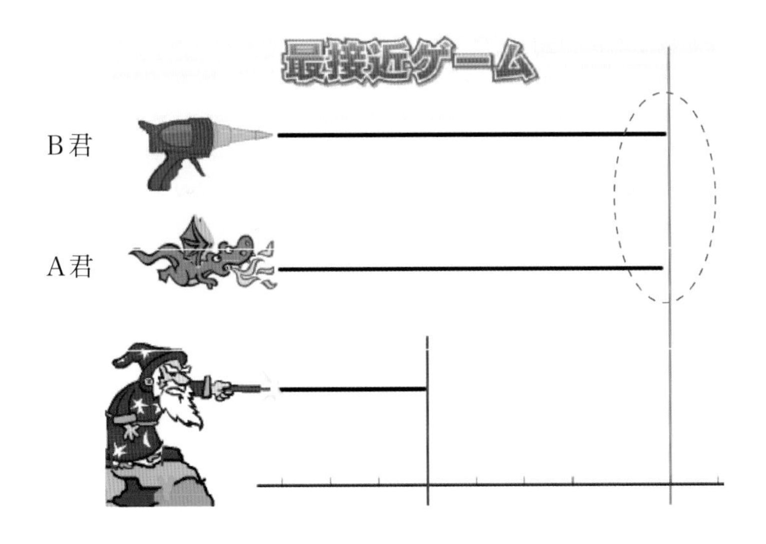

結果は、ご覧の通りです。Ｂ君の勝ちです。勝つためには、やはり緻密な計算が必要でした。Ａ君の直感も素晴らしいものでした。

いきなり先生が数直線を登場させてしまったのが反省点でしたね。

問題解決の道具として数直線が素晴らしいと思っていても、それを扱う子ども自身がどう捉えているかが問題です。この点は気を付けていきたいものです。

小話38　どっちが広い？

「面積」

面積の問題で、面白い問題があります。一緒に考えていきましょう。３つ目の問題は、ある定理を使うと、あっさり分かってしまう、定理の有り難みが実感できる問題になっています。

【問題１】　どっちの面積が広いかな？

あなたの予想は？

ア

イ

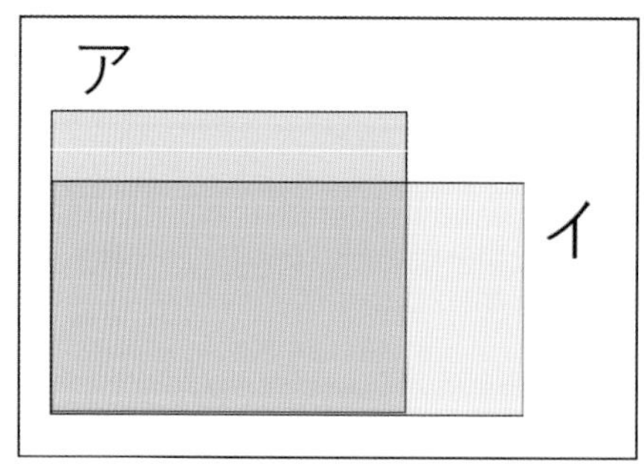

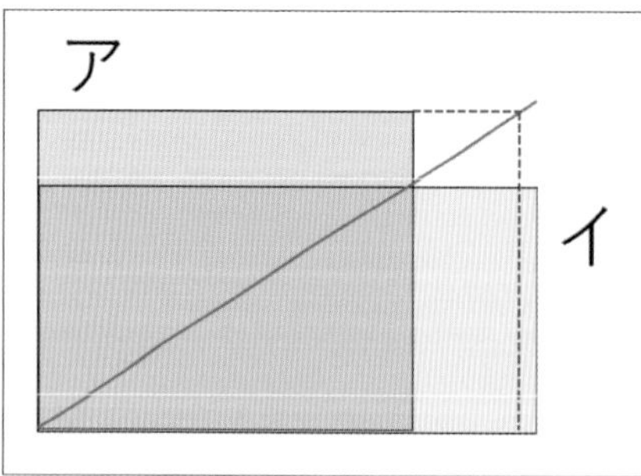

面積を比べるには、まず重ねれば分かりそうですね。実際にやってみましょう。

これだけでは、何とも言えませんね。そこで、１本の補助線を入れると、一気に展開が変わりそうですが、いかがですか？

皆さんは、お気付きになりましたか？

これで、閃いた方は素晴らしいと思います。これだけだと、なかなか気が付かないものです。

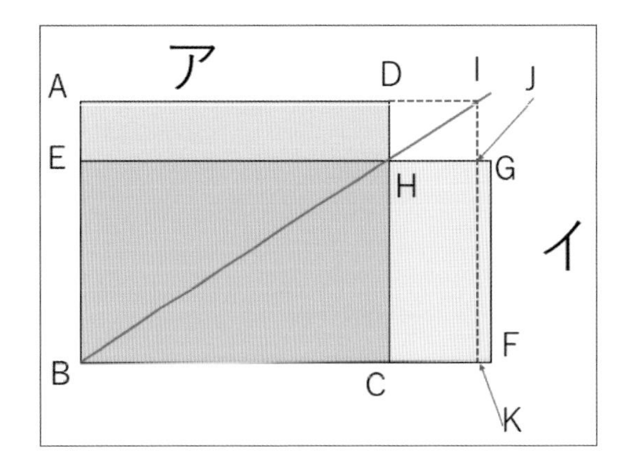

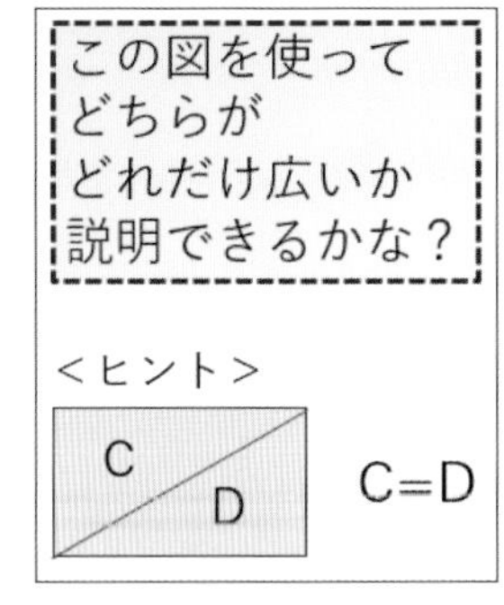

そこで、右上のようなヒントを出します。

ここで、ようやく何人かの子が気が付き出します。

皆さんは、いかがですか？

上の図形の性質より、

△ ABI ＝△ KBI .... ①

△ EBH ＝△ CBH ..... ②

△ DHI ＝△ JHI .... ③

長方形 AEHD ＝△ ABI －（△ EBH ＋△ DHI）

長方形 HCKJ ＝△ KBI －（△ CBH ＋△ JHI）

①②③より、

長方形 AEHD ＝長方形 HCKJ

よって、長方形 JKFG の部分だけ、アよりイの方が広い。

上の図形の性質を忠実に活用すれば解ける問題ですね。

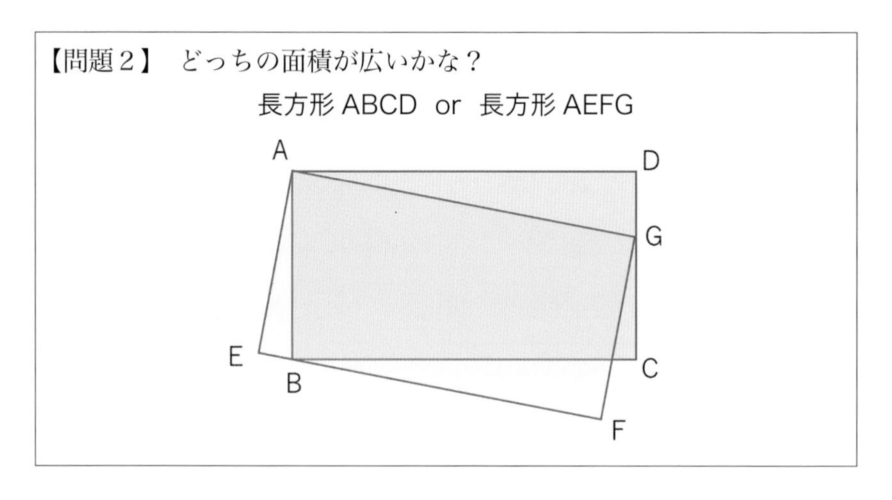

次の問題も、ヒントなしで解くことができたら、素晴らしいと思います。

もし、ヒントなしで解けたら大いに褒めてあげましょう。

少しの時間、子どもたちの様子を見て、ヒント１を出します。ヒントを出す前に、まず、どこに補助線を引くか考えさせましょう。

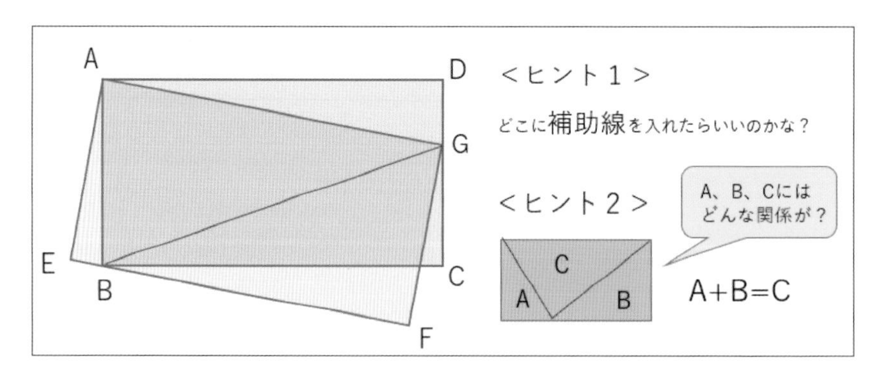

BG に補助線を引いても、気が付かないときには、続けてヒント２を提示します。

ヒント２を見ても、なかなか分からない子も多いと思います。まず、その前に、なぜヒント２が成り立つのか確認しておきましょう。ここで躓くと実際の活用が難しくなります。また、この問題は、２つの長方形が重なっている点で、難しさが倍増しているかもしれません。

こんなときには、それぞれの図形を分けて、確認することが重要だと思います。重なった図形の合同を証明する際にも、この方法は有効です。

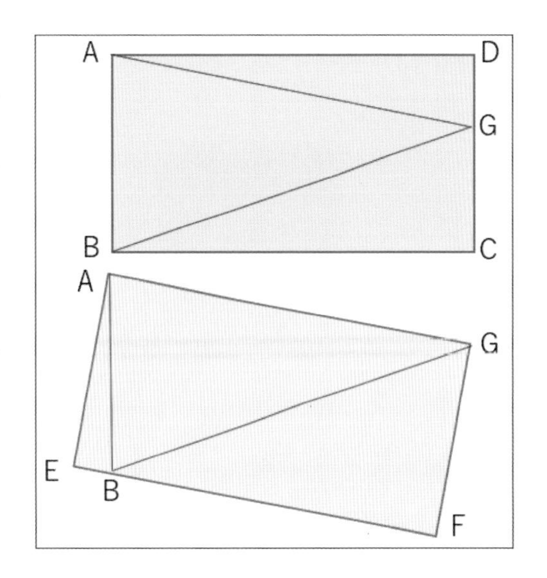

もうお分かりだと思いますが、ヒントの性質を使うと、上の長方形 ABCD において、

△ ABG ＝△ AGD ＋△ BGC .... ①

下の長方形 AEFG において、

△ ABG ＝△ ABE ＋△ GBF .... ②

①と②より、

△ AGD+ △ BGC ＝△ ABE ＋△ GBF

よって、

長方形 ABCD ＝長方形 AEFG

つまり、２つの長方形の面積は等しいことが分かります。

以上の２つの問題は、ある研修会の講演で紹介されたものです。基本的な図形の性質を使って解くことができる点で、とても面白い問題だと思います。ぜひ、子どもたちにも体験させてあげましょう。

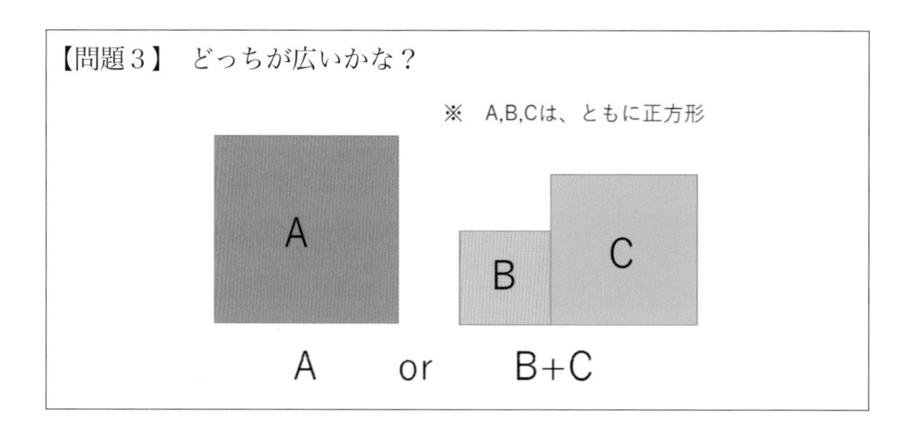

最後の問題は、最近、購入した本の中で紹介されていたものです。パワーポイント用に私が、作り直してみました。これだけでは分かりませんね。見た目で、ある程度は予想は立てられそうですが。皆さんは、どっちが広いと思いますか？

図形を移動させて、右のようにしたら、どうでしょう？もうお分かりですね。

定理を学習した後でしたら、ぜひ気付いてほしいところです。

そうです。三平方の定理を使います。

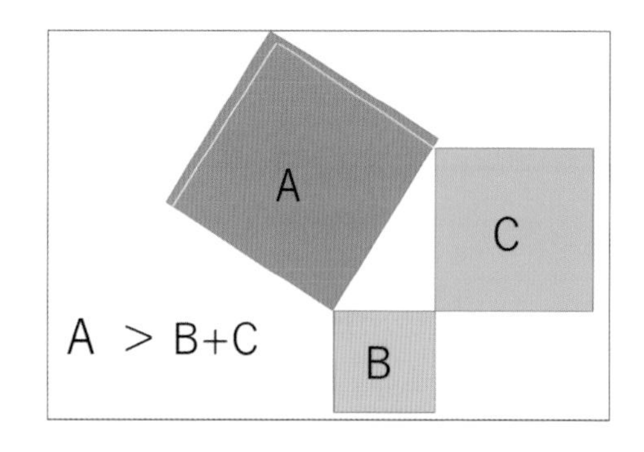

実際の問題は、３つの正方形の形をしたチョコレートの設定で、何も使わず、どちらがお得かを考えさせる問題として出題されていました。実際、定理を知っていると実際の生活に役立つ問題として、三平方の定理を学習した後に、ぜひ、子どもたちにも考えさせたいですね。

この問題の出典は、岩波書店から出されている『解きたくなる数学』

からでした。

この本の中には、その他にも面白い問題がたくさんあります。つい興味をそそられ、知らず知らずのうちに考え始めている自分に気が付きます。まさに、解きたくなる数学の問題ばかりです。機会がありましたら、ぜひ、ご一読をお薦めします。

我々教師は、子どもに問題を解く力ばかりを求めていませんか。つい考えることの楽しさや面白さを忘れてしまってはいないでしょうか。

真に力を付けることができるのは、やはり当の本人です。その子が、「面白そうだ」、「やってみたい」、「楽しい」と思えたら、その子にとって大きな力になるに違いありません。単にスキルを身に付けるだけなら、必ずしも教師は必要ないでしょう。我々教師ができること、それは、子どもがまさに解きたくなるような教材や環境を整え、その子に応じた働きかけ方やその手立てを考えることではないでしょうか。そんなことを考えさせられました。

こぼれ話

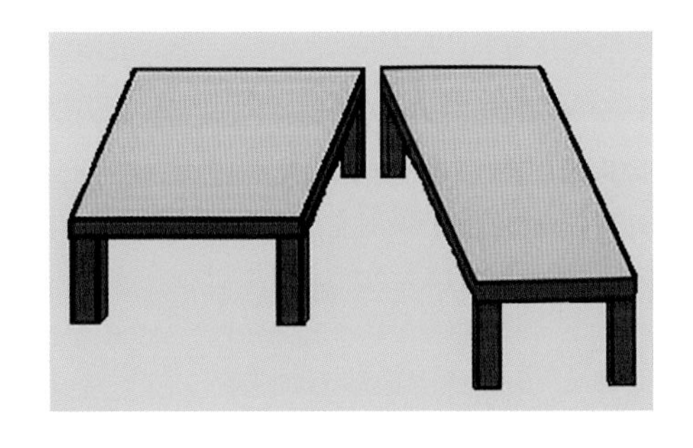

これは、よく知られている目の錯覚の例です。何度見ても同じ平行四辺形には見えません。不思議ですね。

当然、面積は等しくなります。平行四辺形の面積を求める授業の導入に使えそうですね。

小話39　Scratchを作図の道具にしてみたら

「正多角形と円」

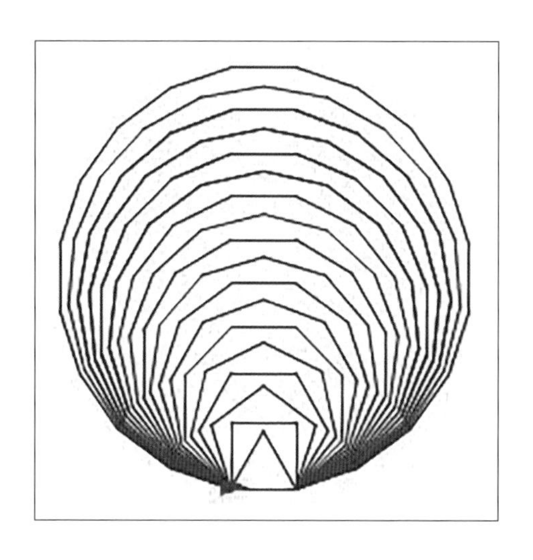

これは、小学校5年生での「正多角形と円」での授業で、作図したものです。もちろん、コンパスと定規での作図ではありません。Scratchを道具に、正多角形の作図を行いました。正三角形、正四角形、正五角形……と角数を増やして連続的に描いたものです。なんと正二十角形まで描くことができました。

正五角形をコンパスと定規、分度器を使って作図を行い、作図の手順を確認し、それをScratchでプログラミングを行い、作図したものです。

授業は、2人1組になって行いました。問題となったのは、赤矢印を何度傾けるかでした。正五角形の1つの内角の大きさは72°です。そのまま赤矢印を72°回転させると、おかしな形になってしまいます。そこを皆が納得できるよう丁寧に扱う必要がありました。これをクリアすると、子どもたちは夢中になっていろいろな正多角形を創りあげていました。

上の作図を見て、いかがですか？　角数が増えるにつれて、円に近づいていくのが一目瞭然ですね。図形の持つ対称性の美しさを感じ取ることができます。そこには、とても手書きでは体験できない貴重な学びがありました。

※この実践は、政府インターネットテレビ「小学校のプログラミング教育　授業がもっと楽しく！　深く！」で取材を受けた授業になります。

この図形をじっと見つめていると、人の年輪にも見えてきませんか？10歳の子どもたちが正三角形だとしたら、正二十角形はその6倍以上になります。いつの間にか、今の自分自身とこの正二十角形を重ね合わせていました。果たして、自分はこのように人間的に大きく均整がとれた円のように成長できているのだろうかと。

下の幾何学模様は、いかがでしょうか。もし、手書きだったら1日はかかりそうです。これがなんとScratchが数秒で書き上げてくれました。もちろんプログラミングには多少は時間がかかりましたが、本当に驚きですね。

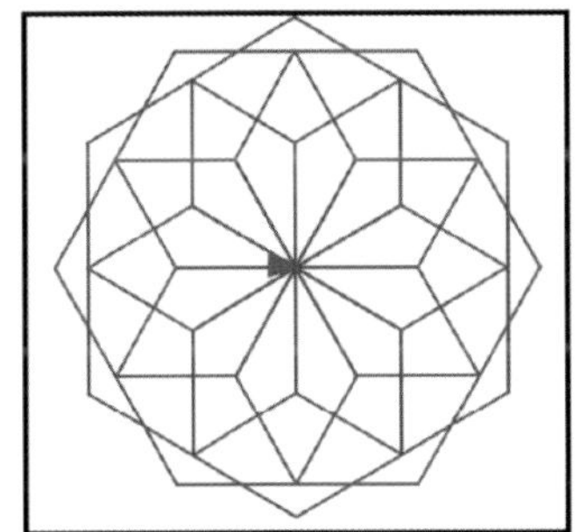

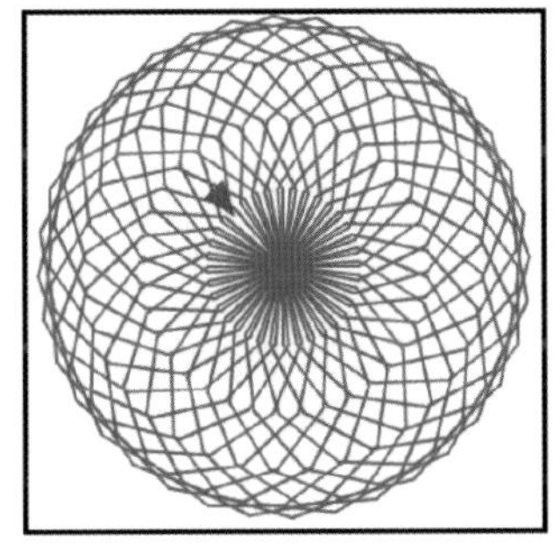

小話40　「棒消し」必勝法？　教えます！

「数学的な見方」

「棒消し」をご存じでしょうか？　今のようにテレビゲームのない遠い昔、私が中学校時代の休み時間に流行った遊びです。２人で交互に棒を消していって、最後の棒を消したほうが負けという単純なゲームです。

さて、下の図Ａ、Ｂ、Ｃの場合で、次はあなたの番です。どこの棒を消しますか？

そうです。いずれも、残念ながらどこを消しても勝つことができません。

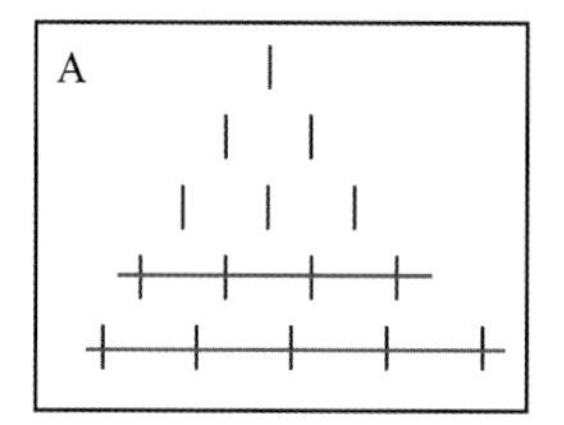

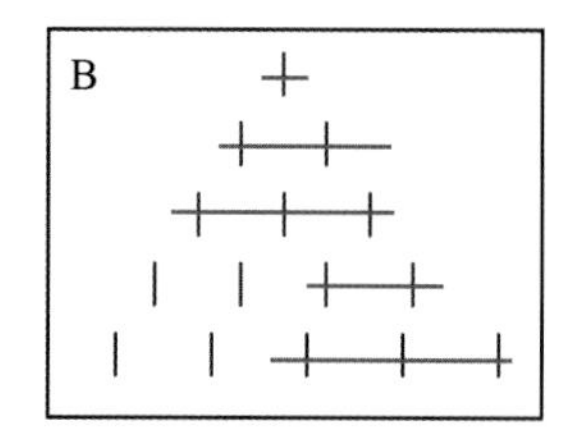

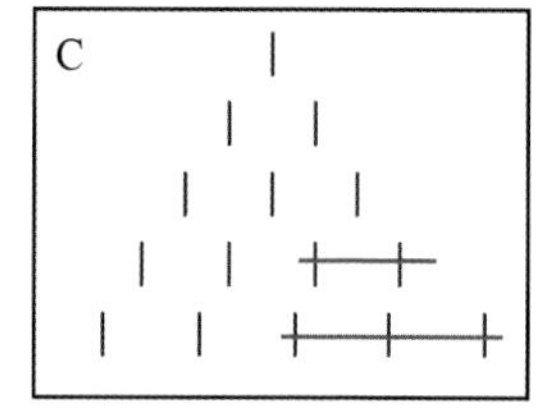

ここで、棒が１、２、３が残った場合を123型と言うことにします。つまり、Ａの場合は、123型となっており、こうなるとどこに線を引こうが負けを認めなくてはなりません。また、Ｂの場合、22型となり、これを作られたら同じく負けを認めなくてはなりません。実際、全ての操作を行ってみれば分かります。

一方、Ｃの場合は、まだ分からないような気がします。でも、よく見るとＣの形はＡとＢを合体した型で、123＋22型となっています。こうなると、相手にこれを作られたら負けを認めなければなりません。

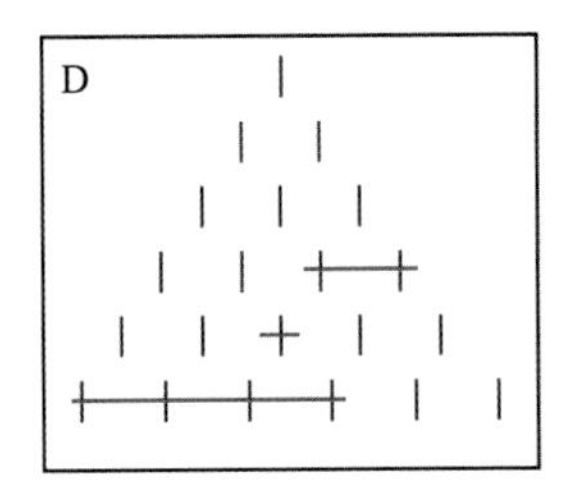

続いて、Dを見てください。棒の数を増やしました。では、これを相手に作られたら、あなたは次にどうしますか？　これは、123＋22＋22型とも言えますね。だから、これを相手に作られてしまったら、負けを認めなくてはなりません。なんと、わずか3手で決着です。凄いですね。

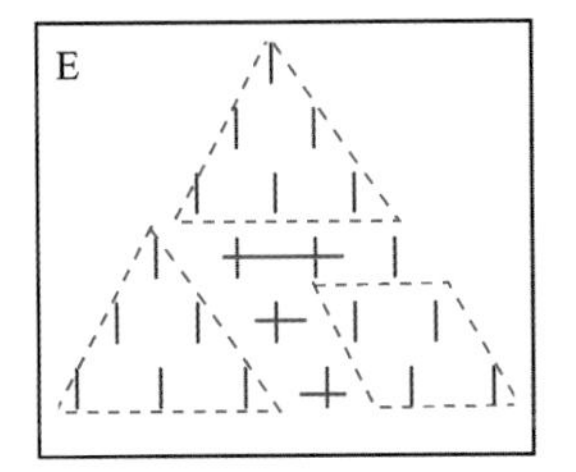

今度は、Eを見てください。次はあなたの番です。どこの棒を消しますか？　そうです。下から3段目の右端の棒ですね。

すると、123＋123＋22型とすることができるからです。

もうお分かりですね。基本となる123型と22型の組み合わせができれば、勝利が確定します。私はこの法則に気が付き、かつては棒消しで負けなしを誇っていました。とても懐かしい思い出です。

このように、基本となる123型と22型さえ理解していれば、その組み合わせを考えることで、どれだけ棒の数が増えてもまず負けることはありません。

ぜひ、子どもたちと「棒消し」を楽しまれては、いかがでしょうか。必ず、子どもたちの中で必勝法に気付く子が出てくるはずです。そのときには、大いに褒めてあげましょう。ここでも子どもにとって、発見の喜びを味わえる機会となるといいですね。

小話41　「割合」の学習で大切にしたいイメージとは？

「割合」の学習で「何が大切か？」と問われたら、何と答えますか？
私は、迷わず**「何を１と見るか」**と答えます。
それでは、その訳についてお話ししていきましょう。

ご存じのように、「割合」の学習は、小学校の算数の中で特に難しいとされ、子どもにとっても、そして教える先生にとってもやっかいな単元になっています。こんなときこそ、シンプルな解決方法があるといいのですが……。

ただ、この「割合」の学習でも、シンプルで大切な見方があります。それが、「何を１と見るか」です。つまり、もとにする量のことですが、なぜ、この「もとにする量」に私がこだわるのか、そのことについてご説明します。

突然ですが、これは夢（イメージ）の中での出来事です。

みどり鮮やかな芝生に、高さの違う４本の柱が見えます。ネコが１つの柱に駆け寄り、ぶら下がり腕を引き寄せ、頭がようやく柱のてっぺんに届きました。

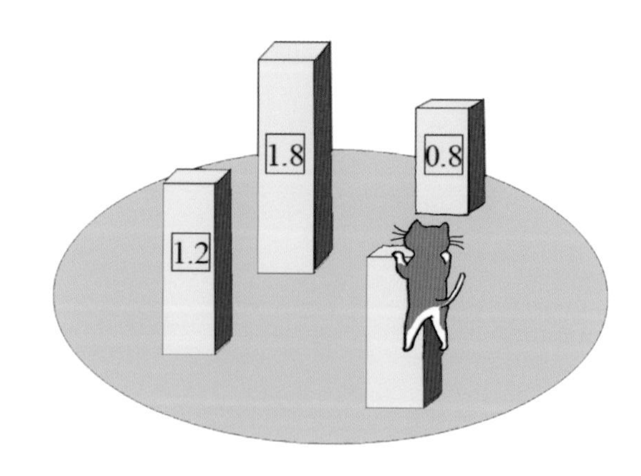

そこからは、３本の柱が見渡せます。すると、不思議なことにその柱の面に数字がすっと浮かび上がってきました。ネコの目線より

高い２本の柱からは、それぞれ1.2と1.8の数字が見えます。残りの１本の柱は、ネコが少し目線を下げたところにあり、そこには0.8の数字が浮かび上がって見えました。

次に、ネコは手を離し柱から飛び降りると今度は、さっき0.8の数字が見えた柱から覗いてみることにしました。この柱は、ちょうどネコの目の高さだったので、よじ登らずに見ることができました。すると、さっき登った柱には1.3の数字が見えました。その他の２本の柱もネコの目線より高く、それぞれ1.2から1.5、1.8から2.3へと数字が変化していました。

これらの数字は何を意味しているのでしょう？　ネコが登っている柱、つまりネコの目の高さが基準１で、ネコは自分を基準に他の柱を見ていたのです。このようなネコの夢（イメージ）から、以下の教具が誕生しました。以下は、教具を４方向から見た写真です。

斜め上から

赤が基準1

緑が基準1

青が基準1

この教具は、色付き方眼画用紙に正三角柱の展開図をかき、組み立てたものです。それぞれの柱の高さ（長さ）については、教科書の「３本のテープの問題」から、そのまま３本の柱の長さに置き換えたものになっています。

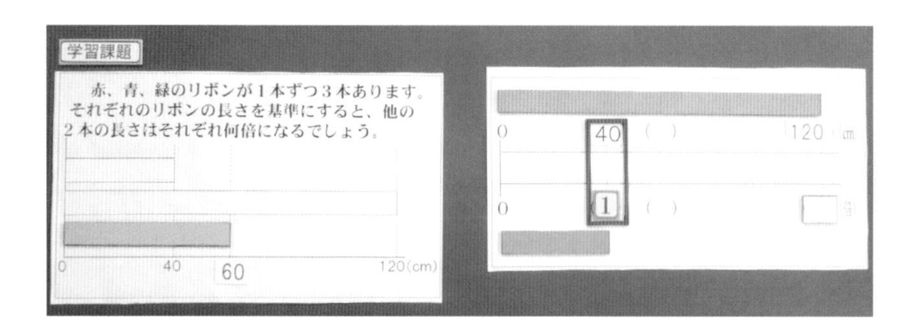

教具の写真を改めてご覧になり、ネコになった気分で順番に基準となる柱から残りの柱を眺めてみましょう。または、３本の柱の周りを一回りしたときの様子を想像してみてください。

それぞれの面で１となる柱がもとにする量です。つまり、基準となる柱の高さを１とすると、その他の柱の高さの数値がきまります。また、基準となる柱が変わると、新たに他の柱の高さの数値も変わります。このように基準が変わると、その他の柱の数値も変わるということを実感し、理解できると思います。こうして、教具から具体的な体験を通して、「どの柱を１と見るか」によって、他の柱の数値がきまることをはっきりとイメージできたのではないでしょうか。

では、割合の問題解決に、なぜ「何を１と見るか」の視点が重要になるのでしょうか。それは、割合の問題解決に欠かせない道具に数直線があるからです。ご存じの通り、数直線は問題の条件を整理し、構造的に理解する上で欠かせません。私は、この数直線を解決の道具としていくために、「何を１と見るか」の視点が何より重要だと考えるからです。詳しくは、回を改めてお話ししたいと思います。

ここからは、少し話が脱線します。興味のある方は、ぜひお付き合いください。

上記の教具の柱を机の上に並べているとき、ふっと考えたのです。

「３方向から見て、重ならないように、しかもできるだけ場所をとらずに並べる方法は？」

「夢で見た正四角柱だったら、どうなるのかな？」

やってみました。下図は、教具を真上から覗いた様子です。どの方向からも、面が隠れず見えるように並べています。

【正三角柱】

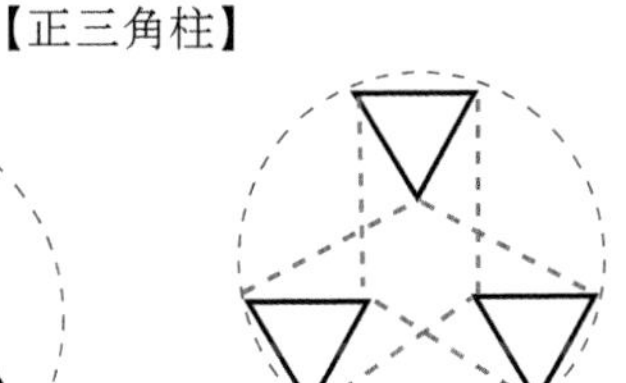

【正四角柱】

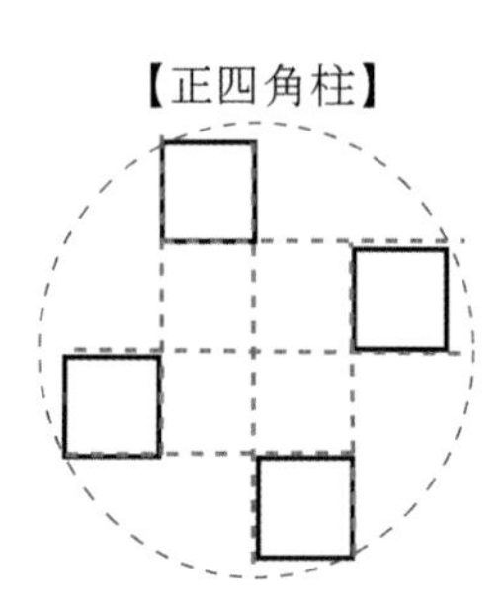

では、次に考えることは？

「角数を増やして正五角柱にしたら、どうかな？」

「正 n 角柱になったら、どうなるのかな？」

と……？　ワクワクしてきませんか？

だから、数学は横道に逸れてからが、また楽しいのです。

小話42　手作り教具が大活躍！

「正の数・負の数」

よく指摘される誤答に「－５－２＝－３」があるのをご存じですか？
では、その誤答対策として有効なものは何でしょう？
そこで、登場するのが今回ご紹介する手作り教具なんです。

まるでテレビの実演販売のようですが、実は、全国のご家庭に、いや全国の中学校１年の数学を担当されている先生方全員にお配りしたい教具なんです。現在、残念ながらどの教材カタログを見ても載っておりません。なぜ、これまで使われてこなかったのか不思議なくらいです。前置きは、このくらいにしておきます。

今回ご紹介する教具は、名付けて「項カード」です（クオカードではありません）。ご覧のように、教具としてはとてもシンプルです。

縦×横×厚さ
7.5 × 10 × 0.5（cm）

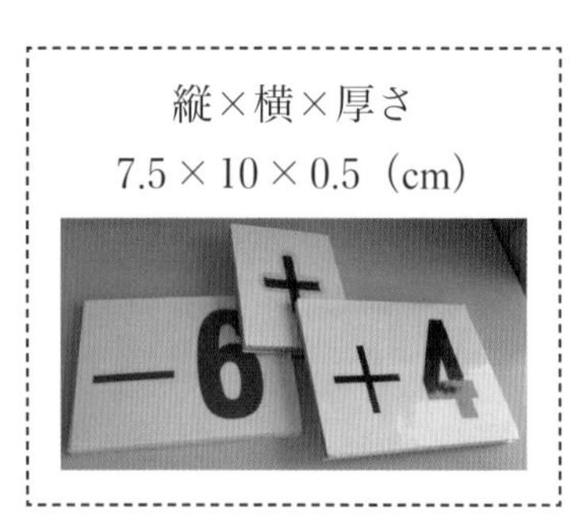

【項カード一式】

そもそも、なぜ、子どもたちが上記のような間違いをするのかお分かりですか？　そうです。小学校では「－」と言えば、演算のひき算だけでした。ですから、条件反射的に、－５－２の２の前の「－」を見て、つい５－２＝３としてしまうのも頷けますね。

ここで誤答対策として大切になるのは、－５－２の式での「－２」はひく２ではなく、マイナス２の項としての見方です。つまり、この「－」を演算としてではなく、符号としてのマイナスと見れるかがカギとなります。そこで、－２などの数の前に付いている「－」が、符号としてのマイナスと認識しやすいよう、ご覧のように項をカードにしてみました。単元を通して項カードを使用することで、項としての見方が自然に身に付きます。

それでは、項カードの活用の様子です。

例えば、－５－２の式は、もともとは（－５)＋(－２）で、(　）と＋を省略した、－５と－２の項だけの式になります。ここで項の見方ができると、自然と（　）と＋が省略できることが分かります。下のように、ここで項カードを使うと一目瞭然です。

（－５）＋（－２）
＝　－５　－２
＝　－７

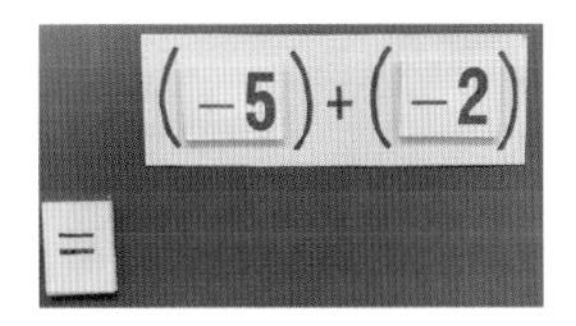

続いて、減法の式をご覧ください。また、この減法でさらにこの教具のよさが光ります。

（－５）－（＋２）
＝（－５）＋（－２）
＝　－５　－２
＝　－７

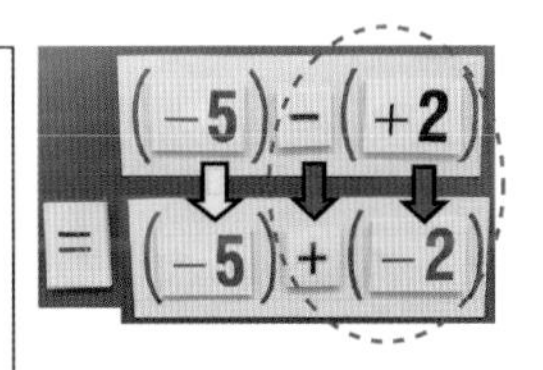

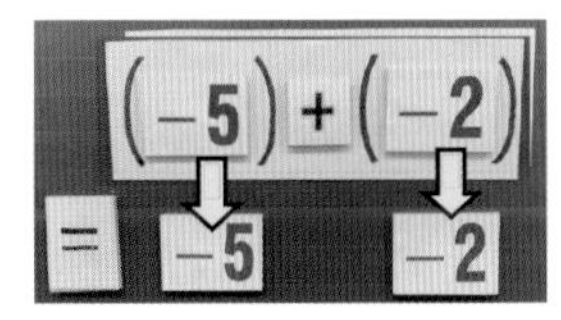

減法の式から加法の式に直すとき、引く数の符号が一瞬で変わります。項カードを裏返すだけです。あっという間に、符号が変わります。原理は簡単で、カードの裏表が符号違いのリバーシブルになっているからです。

減法では、新たに「加減の演算カード」が必要になります。これも、項カードと同様に「＋－」の符号が裏表に表記されたものです。さらにシンプルながら役割は重要です。減法の際に、加法の＋を「－の演算カード」で覆い、加法に直すときにそれを反転させます。

－の演算カードを＋にするのに合わせて、引く数の＋２の項カードを裏返し、－２とします。こうした式操作を黒板を使って、皆で確認し合うことができます。実際、演算と符号を変える操作がセットになっていることを、強く印象づけることができる点でもお薦めです。

この項カードの効果は、これだけに留まりません。

複数の項をもつ加法では、どの項を組み合わせても、どの項からたし合わせても答えは等しくなります。つまり、項を自由に入れ替えることができます。ですから、ここで計算の工夫ができ、この単元の面白いところと言えます。

それでは、授業の一場面をご紹介します。

子どもたちは一見複雑そうな問題でも、慣れてくるとパズル感覚で楽しそうに解き始めていました。

$$-7+(-6)-(-9)-(+2)+8+(-3)$$

① 減法は加法に直す。

$$=-7+(-6)+(+9)+(-2)+8+(-3)$$

② 項だけの式にする。

＝ －7 －6 +9 －2 +8 －3

③ 計算を工夫する。
皆さんでしたら、どう計算しますか？

それぞれの子の考えがお分かりですか。

A子

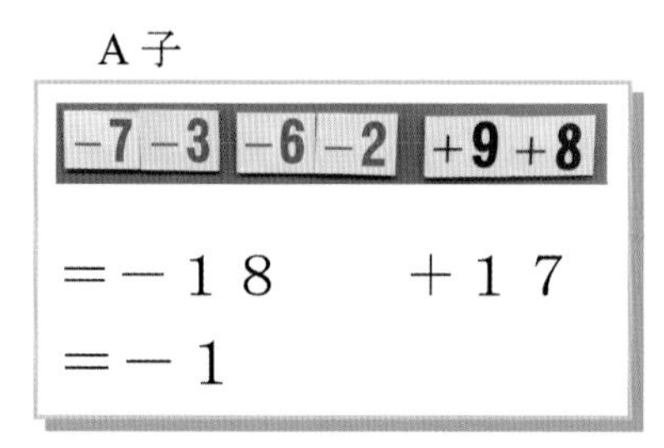

A子は、正の数、負の数同士を集めています。−７と−３を合わせて−10にして、容易に−18を導き出すことができています。

B男

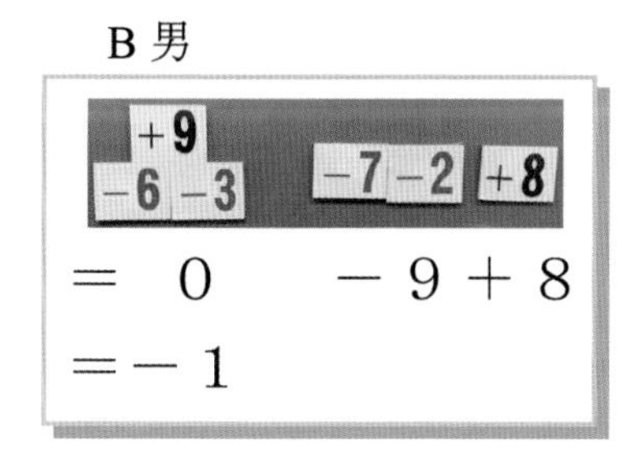

C男

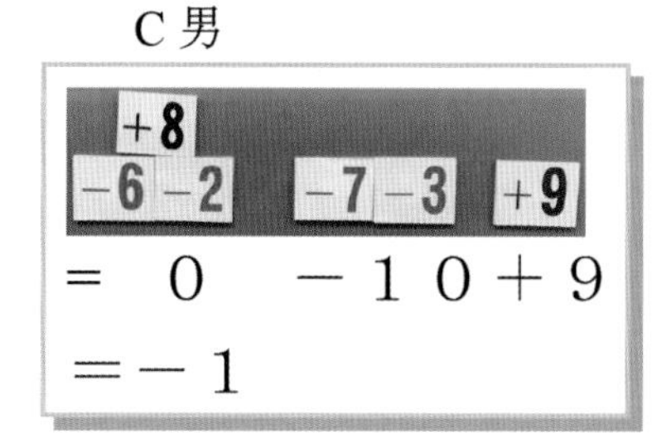

B男は＋９が、C男は＋８がポイントになっています。それぞれ、負の項を集めてゼロにしているところが工夫といえます。

「項」を手に取り自由に動かせるため、それぞれが思いついたアイデアを実際に操作しながら、皆で共有し合うことができます。教室全体が盛り上がること間違いなしです。
ここに、ICT 機器にはない手作り教具のよさがあると考えています。

小話43　正五角柱で考えてみたものの……?!

「超難問」

小話41での脱線話を憶えていますか？　どの柱の側面も隠れることなく並べる際に、できるだけ場所をとらない配置を考えましたね。
正三角柱と正四角柱までは作図し、その並べ方を確認することができました。
ただ、正五角柱以上になると、どうなるのか疑問が残ったままでした。
実際、やってみるとかなりの難問です。高校数学を使わないと先に進めることができません。関心のある方は、お付き合いください。
では、解説です。

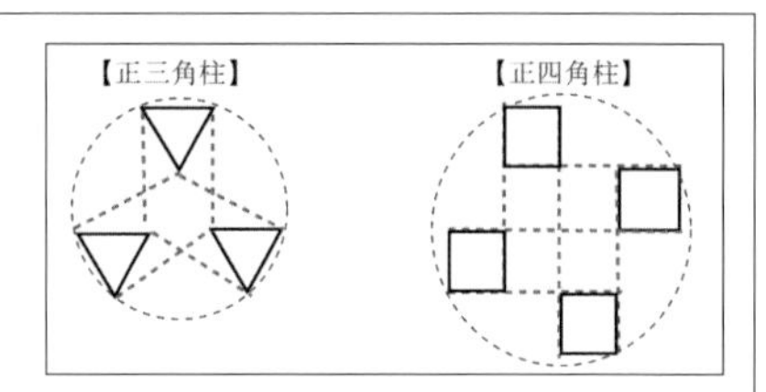

【正五角形の場合】

作図ツールソフト（GeoGebra）を使い、およそどんな配置になるのか確認することができました。

ご覧のように、左右対称となっていることが分かります。また、正五角形のそれぞれの重心は、1つの円周上にあり、それぞれの点を結ぶと正五角形になっていることが分かります。

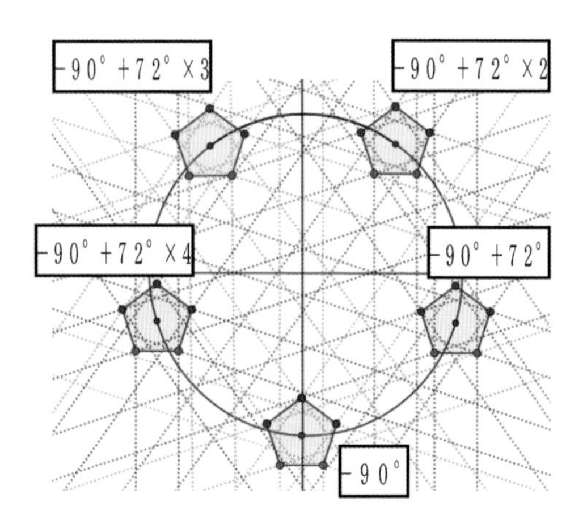

それでは、中心から重心の距離となる半径Rを求めていきましょう。ここで、正五

角形の１辺の長さは１cm とします。また、三角関数を使うため、それぞれの正五角形の位置を−90°から図形の重心が円周上にくるように配置します。すると、時計回りに中心角となる72°ずつずれる位置になります。

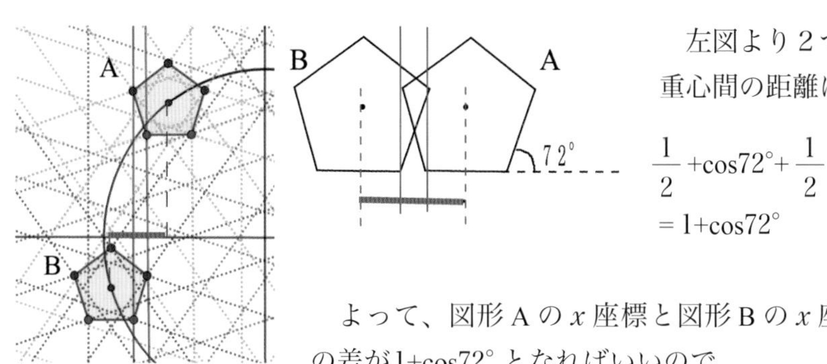

左図より２つの重心間の距離は、

$$\frac{1}{2}+\cos72^\circ+\frac{1}{2}$$
$$=1+\cos72^\circ$$

よって、図形Ａの x 座標と図形Ｂの x 座標の差が$1+\cos72^\circ$ となればいいので、

$$R\cos(-90+72\times3)^\circ-R\cos(-90+72\times4)^\circ=1+\cos72^\circ$$
$$R\cos126^\circ-R\cos198^\circ=1+\cos72^\circ$$

よって $R=\dfrac{1+\cos72^\circ}{\cos126^\circ-\cos198^\circ}=3.60341...$

約3.6cm ということになります。

確かめのため、作図ツールで距離を測定してみました。

中心から重心までの距離18に対して正五角形の１辺の長さは５ですので、計算してみると18÷５＝3.6となり計算は間違いないようです。

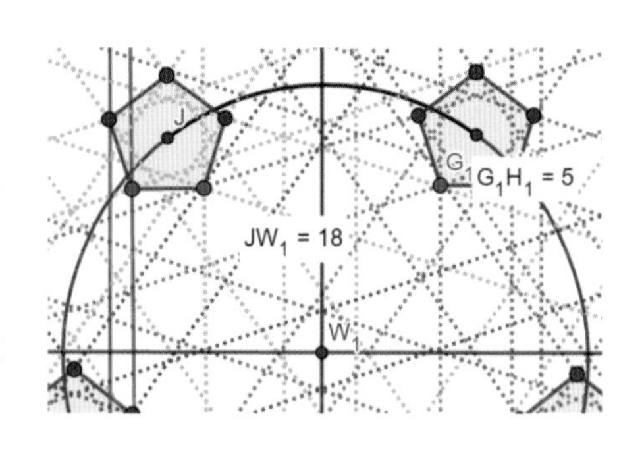

左端の２つの図形に注目すれば、正七角形であっても、正九角形で

あっても同じように計算できると思われます。ただ、正七角形や正九角形は、複雑になりそうなので、逆に、すでに作図ができている正三角形で確かめてみましょう。

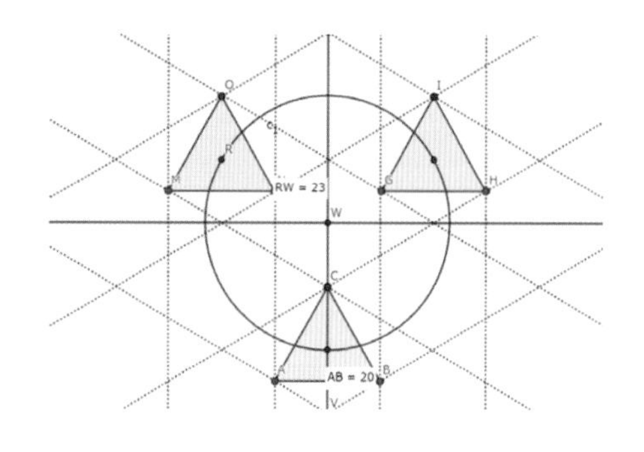

まず、下の正三角形の位置が、$-90°$ とすると、時計回りに次が $-90°+120°$、$-90°+120°×2$。中心から各正三角形の重心までの距離を R とおくと、

$$R\cos(-90)°-R\cos(-90+120×2)°=1$$
$$R\cos(-90)°-R\cos150°=1$$

よって $R=\dfrac{1}{\dfrac{\sqrt{3}}{2}}=\dfrac{2\sqrt{3}}{3}=1.1547...$

作図ツールでの測定では、正三角形の 1 辺の長さが20に対して中心から重心までの距離が23であるため、23 ÷ 20 = 1.15となり、計算で求めた R の数値に間違いはないようです。

続いて、偶数正多角形についてですが、正六角形でどのような配置になるか、作図ツールで確認してみたところ、それぞれの図形が対称な位置にないことが分かりました。

その結果、奇数正多角形よりもさらに煩雑になることが予想され、計算で長さを求めるのを断念しました。

実のところ、この問題は二十数年前に、角柱の教具を思いついた頃のものでした。当時、解法に悩んでいた時、数学が得意な高校の先生に、

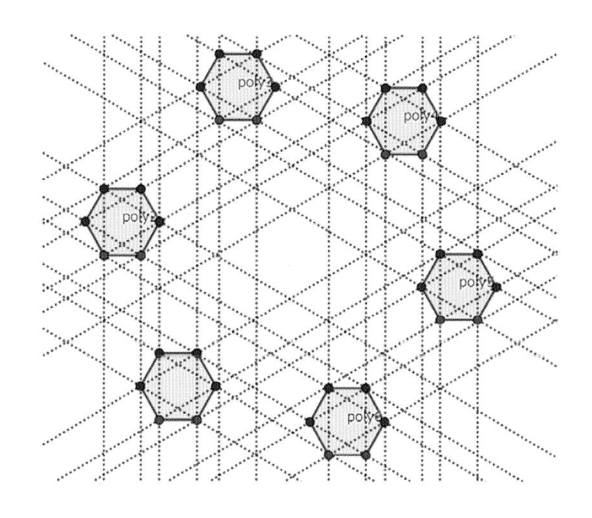

いろいろと教えていただきました。お陰様で、奇数正多角形については、思い出しながら何とか長さを求めることができました。

ただ、偶数正多角形については当時もよく理解できなかったためか、未だに解法がよく分かりません。我こそはと思われる方は、ぜひ挑戦してみてください。私も、また改めてチャレンジしたいと思います。

今回は、完全解決には至りませんでしたが、作図ツールを使い予想を立てて計算で求めた値を、また作図ツールでその正しさを確認できたところが面白いと感じました。結果はどうあれ、まず、やってみることが大切ですね。何かしら発見があり楽しいものです。皆さんもチャレンジしてみては、いかがでしょうか？

小話44　教師が、子どもたちに残せるものは？

「円と球」

これまで密かに、自分の中で誇らしく思っているものがあります。これを機会にご紹介したいと思います。それは、下の1枚の写真です。今は閉校となった小学校で、かつての子どもたちが、校庭で活動している様子を私が撮影したものです。算数の「円」の授業で、子どもたちが円を使った地上絵をグループ毎に懸命に描いている様子を撮影した、とっておきの1枚です。もう17年も前のことですが、これを見るたびに、当時の子どもたちの笑顔と生き生きとした活動の様子が蘇ってきます。私にとって、当時を思い出す本当に有り難い写真の1枚となっています。

校舎の3階から撮影した地上絵です。雑誌に掲載された写真を複写したものです。上部に子どもの姿が見えます。

円が1点から等しい距離にある点の集まりであることを理解させるには、コンパスでの作図だけでは十分ではないと考え、体を使い校庭に大きな円を描く活動を通して、円の中心や半径に着目できるのではないかと考え、実践してみたものです。

授業は、条件を「円と直線で描けるもの」として、他は子どもたちに任せることにしました。グループで話し合い、楽しく協力し合う姿が見られました。うっかりするとロープがたるみ円とならず、試行錯誤しながらも外側に引くようにするとよいことに気付き、各グループで考えた図案をもとに、皆で協力して地上絵を完成させていました。

完成後、校舎の３階に上り校庭を眺めました。満足そうな子どもたちの笑顔が蘇ってきます。思い切って教室を飛び出し、活動してみるのもいいものです。ただ、活動の目的を忘れないことがポイントです。どんどん挑戦してみましょう。きっと、子どもたちは生き生きと活動し始めるはずです。

こぼれ話１

24人と少ない学級でしたが、４年生と６年生の２年間を受け持つことができました。振り返ってみると、この子どもたちと一緒に、様々なことに挑戦してきました。４年生では、学級での歌づくりから始まり、福祉施設の訪問、６年生では、校庭でのキャンプ＆サバイバル体験、１年かけて制作した高床式倉庫などです。

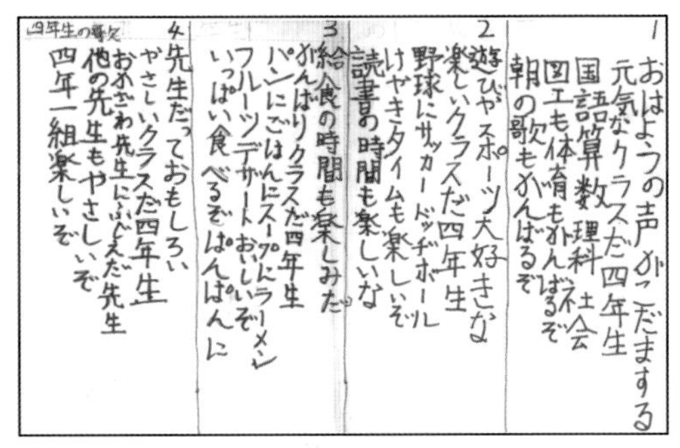
四年生の歌

1
おはようの声がこだまする
元気なクラスだ四年生
国語算数理科社会
図工も体育もがんばるぞ
朝の歌もがんばるぞ

2
遊びやスポーツ大好きな
楽しいクラスだ四年生
野球にサッカードッヂボール
けやきタイムも楽しいぞ
読書の時間も楽しいな

3
給食の時間も楽しみだ
がんばりクラスだ四年生
パンにごはんにスープにラーメン
フルーツデザートおいしいぞ
いっぱい食べるぞぱんぱんに

4
先生だっておもしろい
やさしいクラスだ四年生
おおさわ先生にふじえだ先生
他の先生もやさしいぞ
四年一組楽しいぞ

古い資料の中から当時の学級歌が出てきました！

この高床式倉庫制作では、当時の校長先生に、設計から完成に至るまで本当にお世話になりました。また、当時の『茨城新聞』やラジオ放送でも取り上げていただいたことが懐かしく思い出されます。

こうした体験学習を通して、子どもたちは多くのことを学ぶことができました。さらに、この学習スタイルは、算数の授業にも生かされました。各グループ毎によく協力し合い、地上絵制作でもその力が十分発揮されていました。

手づくりの"歴史"です

阿見・実穀小　高床式倉庫が完成

阿見町実穀の町立実穀小学校（神立喜文校長）の六年生二十四人が、昨春から校庭の一角で製作してきた手づくりの高床式倉庫が完成した。総合学習の時間の一環として取り組み、材料収集から組み立て作業まで、子どもたちが丸一年かけて造り上げた自慢の"大作"だ。

高さ4㍍、横幅2㍍の大作

完成した手作りの高床式倉庫の前で笑顔を見せる児童たち＝阿見町立実穀小

六年生は本年度、総合学習の時間で「歴史」をテーマに学ぶ中、「学習の成果を形に残そう」と、高床式倉庫造りに挑戦することになった。

児童らは、神立校長が作った縮尺十分の一の模型を基に、歴史博物館を見学するなどして構想を練り、設計を始めた。材料はアルミ缶回収運動での代価を用いたり、保護者や地域住民らの協力を得て調達。収集した竹や杉など木材の皮むきや切断、ほぞ穴開けなどもすべて手掛けた。

本格的な着工は夏前から。土台造りから骨組み、屋根張りまで、グループごとに役割分担を決め、放課後や夏休みも利用し、ほぼ一年間にわたり懸命に作業を続けた。

完成した倉庫は高さ四㍍、横幅二㍍、奥行き三㍍の大きさ。児童らがデザインした「懸魚（げぎょ）」を屋根に取りつけ、"製作の証"として一人ひとりの手形を倉庫内に飾って仕上げた。

阿久津幸太郎君は「木の皮むきや材料集めなど作業は大変だったけど、頑張って造った」と振り返り、湯原美咲さんは「地域の人たちや先生にも協力してもらい、みんなの力を合わせて完成できた」と笑顔を見せた。

倉庫は今後、歴史資料などを展示して、同校の手作り資料館として活用する考えという。熱心に活動に取り組む児童らを見守ってきた六年生担任の岡澤宏教諭は「子どもたち一人ひとりが、自分の力で造り上げた充実感や達成感を得ることができたと思う。いい卒業記念になったことでしょう」と話した。

2005年３月19日
『茨城新聞』

久々の出会いに月日の流れを感じました。

先日、閉校となった学校を覗くと月日の経過には勝てず、やや土壁が傷んだ高床式倉庫が寂しく見えました。どんなに丈夫な建物であっても、いつかは朽ちていくものです。母校が閉校となった今も、当時の体験は、子どもたちの中にいつまでも輝き続け、大きな力になっていると信じます。

学校が閉校になる前に、卒業生が同窓会を開き招待してくれました。当時の話になると感心するほどよく憶えていて驚きました。教師の役割は、それぞれの子の中にどれだけ豊かな体験を積み重ねていけるかではないでしょうか。最後に、教え子から「先生の算数が楽しかった」と言ってもらえ、何よりも嬉しく思いました。素晴らしい子どもたちとの出会いに感謝です。

こぼれ話2

当初、この地上絵の授業実践は、東洋館出版社の月刊誌『新しい算数研究』に一部掲載されました。また、この写真が、同社からの出版で、私が大学時代からお世話になっていた杉山吉茂先生の御著書である『初等科数学科教育学序説』の空きスペース（p. 170）に掲載されているのを知りました。尊敬する先生の著書の中に、ほんの一部でしたが、私の自慢の子どもたちの活躍するお気に入りの写真が掲載されていることに、誇らしい気持ちになりました。本当に、有り難いことです。

今回は、こぼれ話から思い出話が中心となりましたが、私が書き残したいと思った大切な授業実践の一つでした。振り返っても、やはり授業は学級が基盤であることは言うまでもありませんね。

小話45　パターンブロック・アートしませんか？

「図形の見方」

パターンブロックをご存じでしょうか？　以下の６種類のブロックになります。

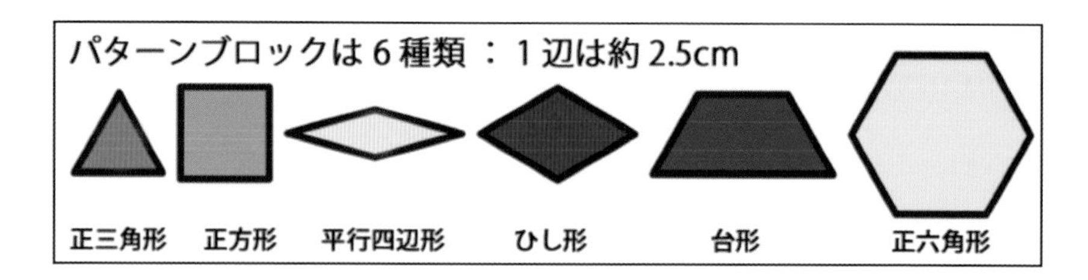

パターンブロックは、形遊びを通して「台形は三角形の組み合わせ」「正六角形は台形やひし形、三角形の組み合わせ」といった、図形に対する感覚を豊かにしていくことができます。

以前から、子どもと絵筆の代わりに模様を創ったり、絵画のように並べて遊んでいます。遊びを通して図形や数の感覚を豊かにしていくので、よく時間が余ったときなど利用しています。ただ、ブロックには限りがあるので、完成したら写真を撮り別の子がすぐに使えるようにして、できるだけ皆が楽しめるようにしています。

これらが、実際に創られた作品の一部です。遊びを通して、図形の見方を豊かにできるとしたら素晴らしいと思いませんか。

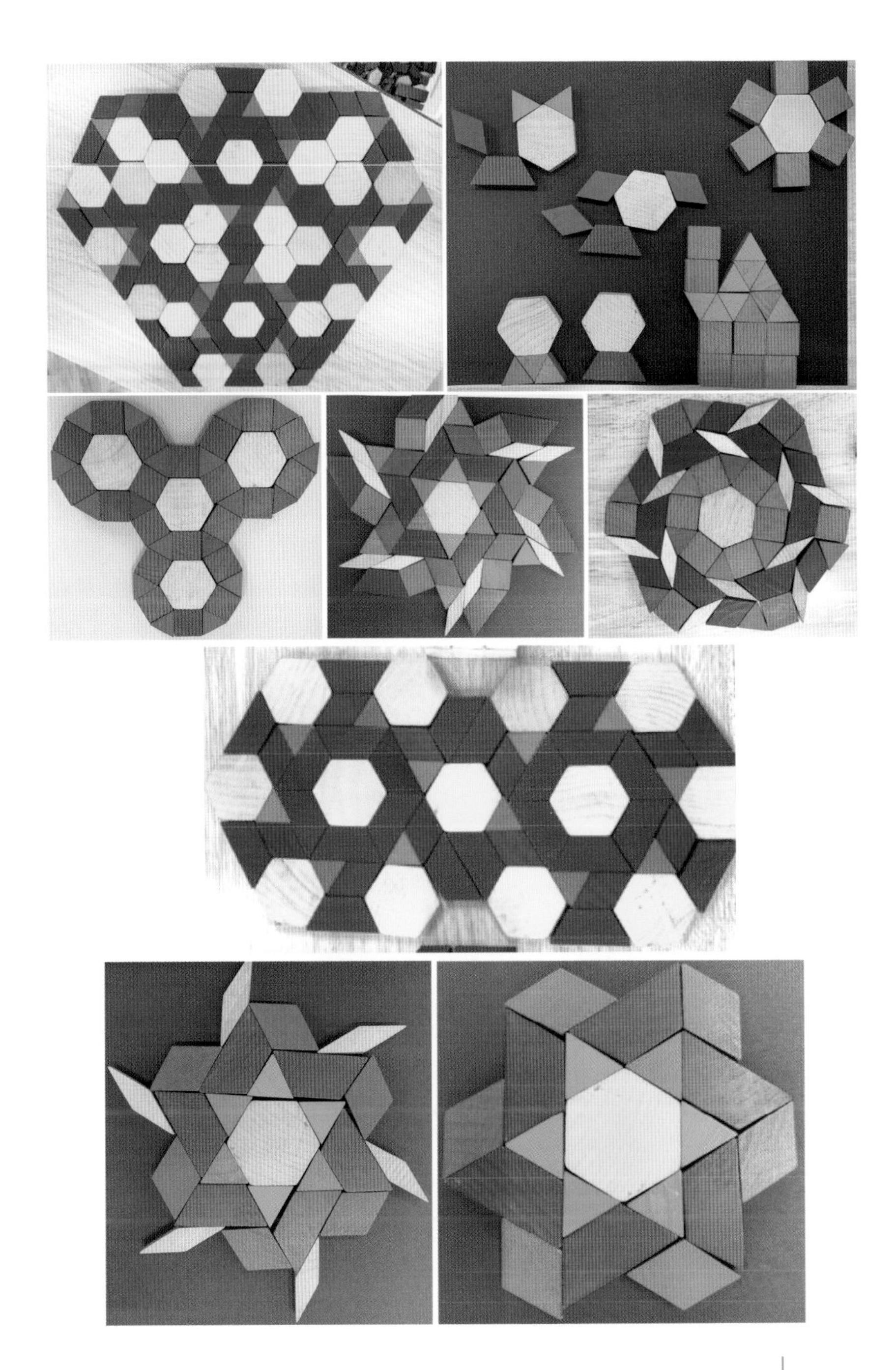

小話46　先生の一言が……時を超えて

「展開図」

突然ですが、皆さんは中学校時代の数学の授業を憶えていますか？私は、数少ない記憶の片隅に、強烈に覚えている一場面があります。それが、中１の展開図を扱った立体図形の授業のときでした。授業の終わりに、「展開図をかいて、これとは別の形が作れたら面白いね。興味のある人はチャレンジしてみよう」と先生が話されたのです。当時、工作が好きだった私は、早速、方眼画用紙を買って家に帰り、これはと思う立体の展開図をかいて組み立ててみたのです。

それが、下のような星形の立体図形でした。学校に持っていくと、先生は驚かれて皆に紹介してくださいました。先生は、作品以上に私が家で熱心に作ってきたことに感激しておられたようでした。先生の一言がきっかけで、これが半世紀たった今も私にとって深く心に残るエピソードとなっています。何がきっかけになるのか分かりませんね。

当時の展開図は忘れましたが、星形の立体ははっきりと憶えています。そこで、改めて展開図をかいて立体を再現してみました。

〈展開図〉

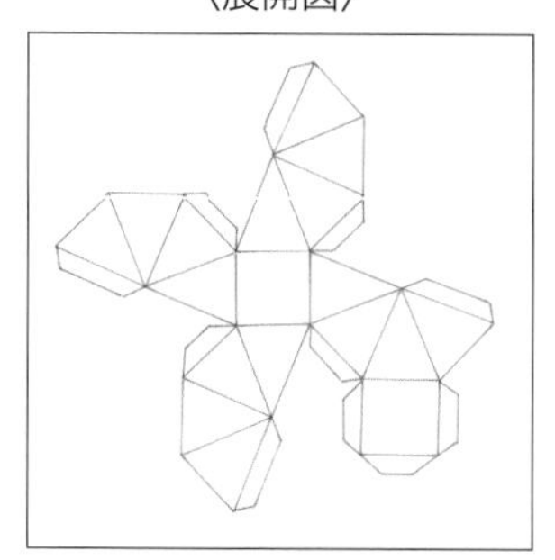

〈立体図形〉

斜め上から

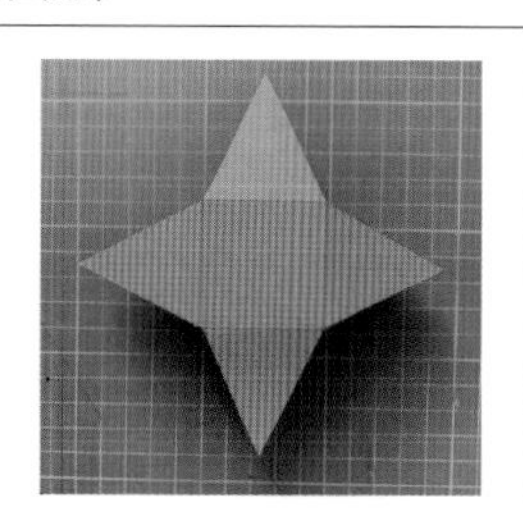

真上から

このままの展開図だと中学生のときから成長がないので、今回はこれを少し進化させてみました。さて、次の展開図から、どんな立体が出来上がるか想像できますか？

また、展開図のどの辺とどの辺が重なり合うのか、お分かりですか？

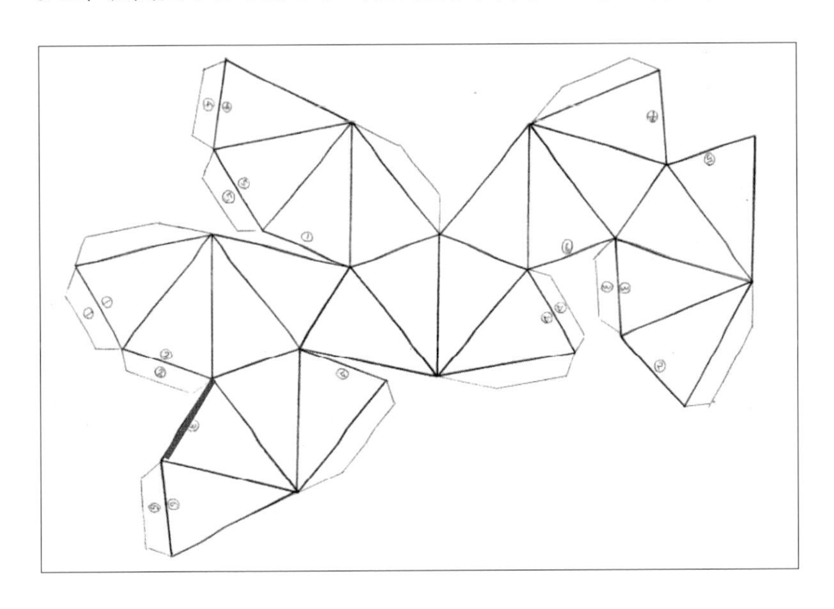

例えば、③の赤い辺と重なるのは、どの辺でしょうか？

見つかりましたか？

答えは、次頁の右端の下から２番目の二等辺三角形の底辺（青色の辺）になります。こんなに離れていては、なかなか分かりにくいですよね。

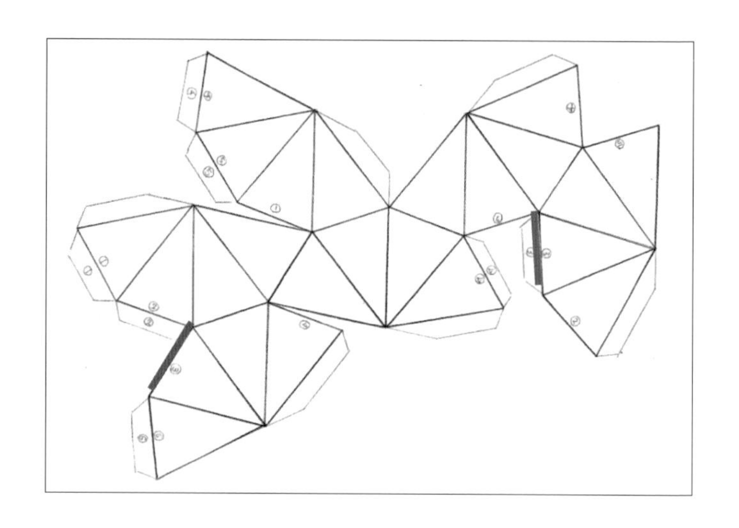

では、見つけるための有効な手立てはないものなのでしょうか？

まず、この展開図から分かることを整理していきましょう。二等辺三角形が４つで１セットになっているのがお分かりでしょうか。それが、全部で６セットあります。このことから、立方体の６面にそれぞれ正四角錐が貼り付いた形になることが分かります。つまり、私が中学生のときに作った立体の残りの２つの正方形の面に、それぞれ１つずつ正四角錐を貼り付けた形です。

下の写真が、この展開図からできる立体になります。

〈斜め上から〉

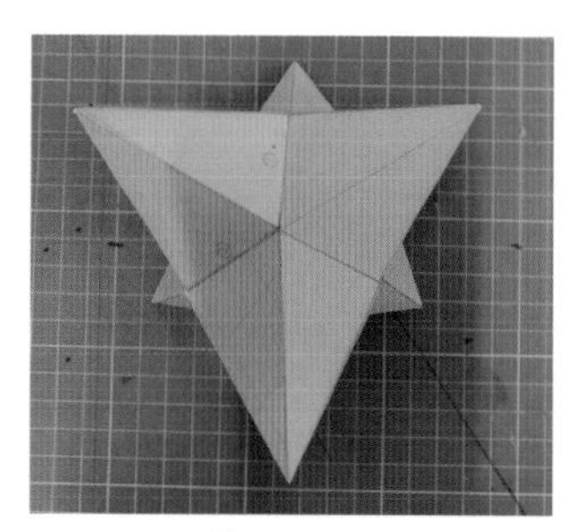

〈真上から〉

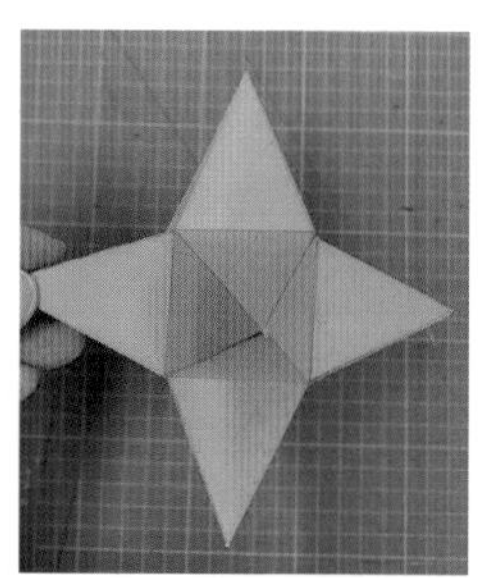

〈手で支えて〉

どれも同じ形の立体ですが、手で支えて撮影した立体が一番イメージしやすいかもしれません。そこで、６個の正四角錐の配置を次のように表示し、展開図に反映させてみました。

(天)(地)の正四角錐の各面には東西南北で、一方、(東)(西)(南)(北)の正四角錐の各面には、上下左右と表示しました。

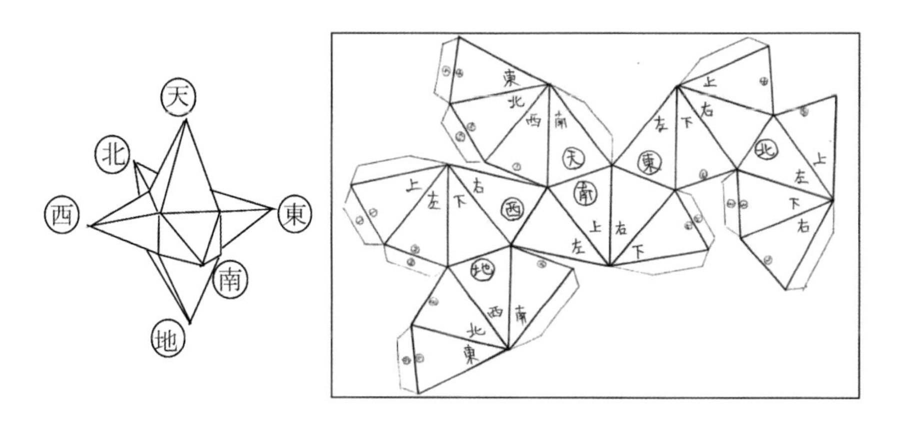

実際、③の辺は、展開図の「(地)の北」と「(北)の下」で重なることになります。

これで、少しは展開図が立体とが繋がりやすくなったと思いますが、でも、まだ分かりにくいですね。もっと分かりやすい方法があったら教えてください。

小話47　「速さ」の問題と侮るなかれ！

今更ながら、小学校の「速さ」の問題と侮ってはいけません。数学者であり大道芸人でもある、あの有名なピーター・フランクルからの出題です。ぜひ挑戦してみましょう。

> 60 km 離れたところに、３人が移動します。３人とも歩く速さは時速 6 km です。
> そこに、幸運にもバイクが１台ありました。バイクは２人乗りで、速さは時速30 km です。
> さて、できるだけ短い時間に３人が移動したいと思います。３人が移動する最短の時間を求めましょう。

私が、かつてこの問題を紹介した人の中で、ヒントなしで正解にたどり着いた人はいません。それだけ難しい問題と言えるでしょう。燃えてきませんか？　だから面白いのです。最初は、解説を見ないで挑戦してみてください。まずは、自分で考えることが大切です。

【問題の解説】

こうした文章問題は、図をかいてイメージを明確にすると、解答のヒントが見えてくるものです。

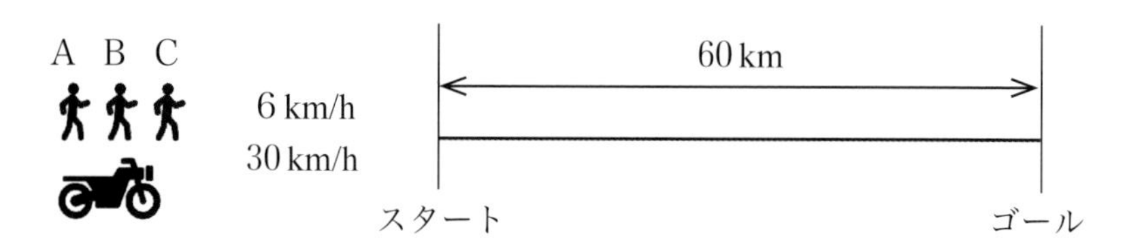

㋐方式……３人のうち１人（A）がバイクを運転し、残りの２人（BとC）を１人ずつ乗せ目的地まで運びます。

1往復半移動したことになるので、$60\times3\div30=6$　6時間

※正解でないことは、すぐ分かりますよね。

(イ)方式……まず、運転者AがBをバイクに乗せ目的地に向かいます。次に、3人が同時にゴールできる地点でBを降ろします。その後、Cを乗せて運ぶために戻ります。結果、Bが歩いた区間をバイクが走らずにすんだ分、時間を短縮できます。

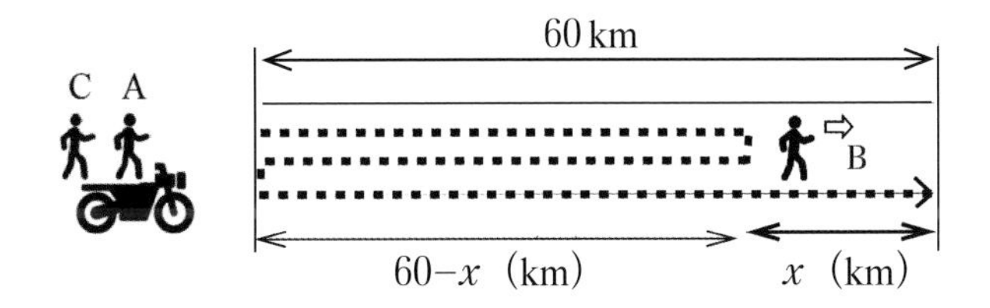

Bを降ろしてゴールするまで、バイクが走った時間＝Bが歩いた時間

$$\frac{(60-x)+60}{30}=\frac{x}{6}$$

これを解いて、$x=20$

Bが歩いた道のりが20（km）なので

$$\frac{60-20}{30}+\frac{20}{6}=4\frac{2}{3}$$　4時間40分

4時間40分と答えた方が一番多いと思います。正解と言いたいところですが実は、もっと時間短縮ができるのです。図を見て気が付きませんか？

正解は、(ウ)の方式です。

(ウ)方式……バイクが迎えに来るまで、Cも皆と一緒にスタートし歩き始めます。

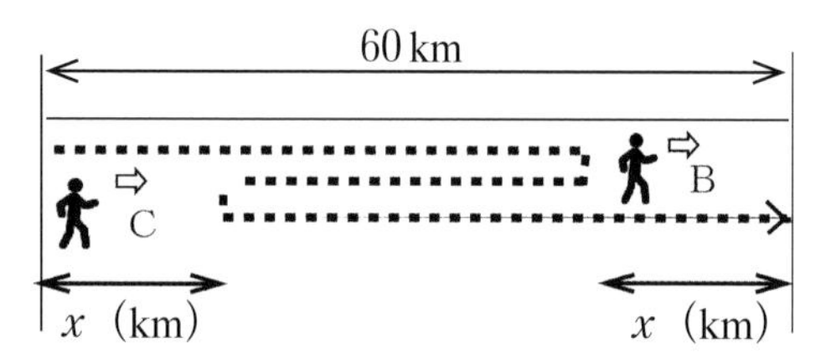

BとCが歩いた道のりを x (km) と置くと、

バイクが走った道のり $=3(60-2x)+2x=180-4x$ …………………… ①

BまたはCが歩いて移動している時間に注目して、

$$\frac{(60-x)+(60-2x)}{30}=\frac{x}{6}$$

これを解いて、$x=15$ …………………………………………………………… ②

①に②を代入して $(180-4\times15)\div30=4$　　4時間

どうでしたか？　他にも解法があると思います。

問題は解くだけでは、楽しみは半減します。

問題の条件を変えてみると、新しい問題となります。

(ウ)の解法だと、Aだけがバイクで歩かず不公平です。3人が納得する方法はないでしょうか。60 kmを3等分して、20 kmずつ3つに区切って誰もがバイクに乗れるようにしてみましょう。

上の式の60を20に変えて計算します。すると、

バイクが走った道のり $=3(20-2x)+2x=60-4x$ …………………… ①

$$\frac{(20-x)+(20-2x)}{30}=\frac{x}{6}$$

これを解いて、$x=5$ .... ②

①に②を代入して $(60-4\times5)\div30=\frac{4}{3}$

これを３回繰り返すことになるので、先程と同じ　　4時間

さらに、３等分でなく４等分、５等分……したらどうなるのでしょうか？

また、等分でなく、適当に２つに分けたらどうなるでしょうか？　さらに、人数を３人から４人にしたらどうなるのかな？　いろいろ調べてみると、面白そうですね。

この問題は、先にお伝えした通り、ピーター・フランクルの本からの出題です。本の解答は、別のやり方だったような気がします。このように解法は１つとは限りません。自分なりに納得した解答を見つけ出すのも楽しみ方の一つと言えるでしょう。

こぼれ話

昔、ピーター・フランクルを招いて開かれた研修会で、登壇していた当のご本人とたまたま目が合い、ステージに呼ばれ２人でゲームをしたことがありました。ゲームの内容は、忘れてしまいましたが、日本語も流暢で、考える楽しさが伝わってくる素晴らしい講演でした。当然、ゲームでピーターに勝つことはできませんでした。

そのとき、ピーターから記念に戴いたキーホルダーです。

小話48　手作り教具でイメージづくりを！

「たし算」

またまた手作り教具のご紹介です。今回は、たし算で子どもたちにイメージしてほしいことを形にしてみました。いかがでしょうか？　見ていただければお分かりだと思います。

〈繰り上がりのないたし算〉

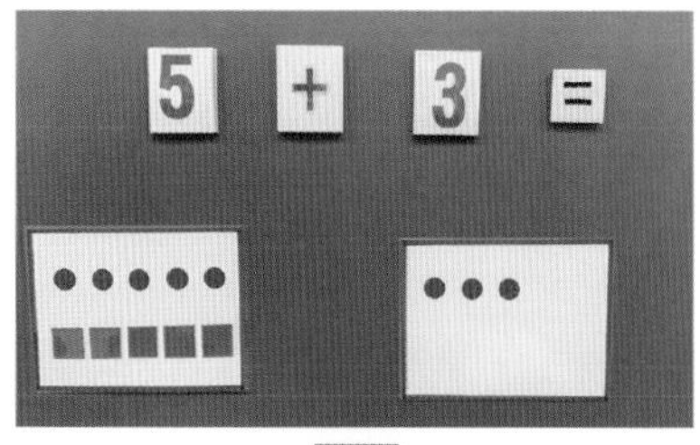

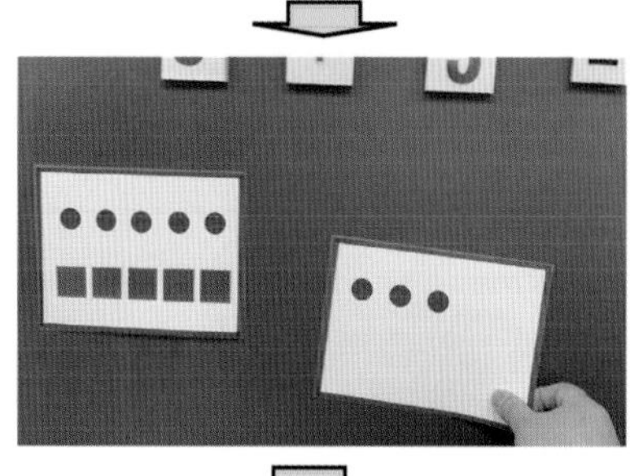

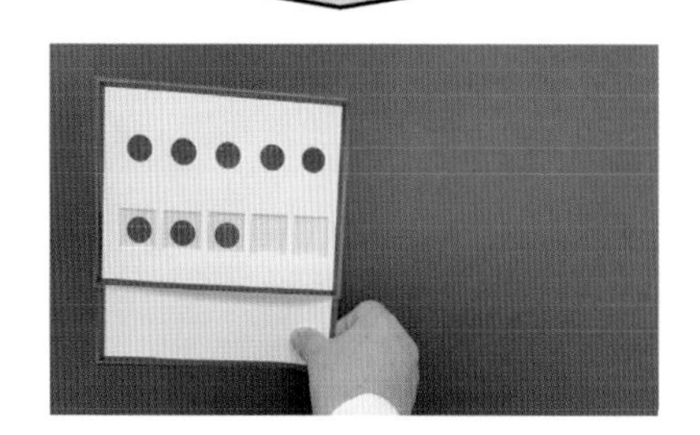

〈繰り上がりのあるたし算〉

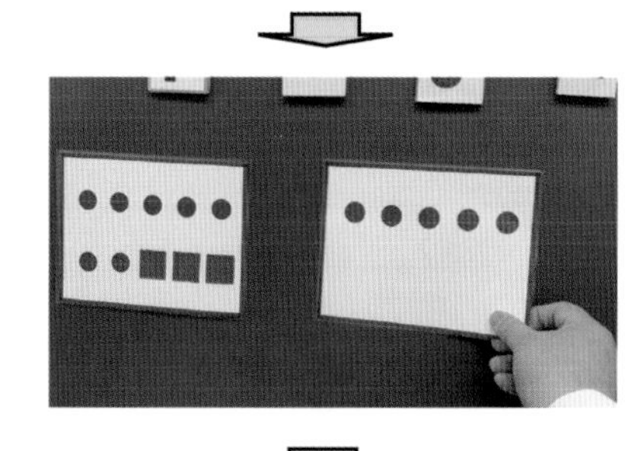

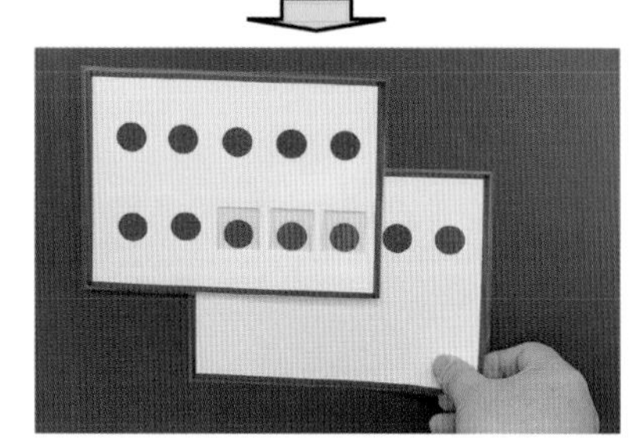

この教具の工夫点は、10の補数に当たる部分をくり抜いたところです。そうすることで、10にするために必要な数をただ重ねるだけで埋めていけるからです。しかも、重ねたカードを見れば、一目瞭然。そのまま答えとなっているのです。シンプルで分かりやすいと思いませんか。

こぼれ話

以前に、この教具を小学校1年を担任されている先生にご紹介したところ、たいそう気に入っていただき、早速、同じ物を制作されていました。その際、私がしていなかったパウチがしてありました。確かに、重ねる際に滑りがよく丈夫になるため、早速、私も取り入れてみました。さらに、改良を加え、裏のマグネットの貼る位置を工夫し、黒板で掲示したままでもよりスムーズに重ねやすくしてみました。こうして、皆さんにどんどん活用していただき、よりよい教具になるといいです。

小話49　数直線を問題解決の道具とするために

「割合」

小話41を憶えていますか？　割合の学習で、一番大切なことは「何を１と見るか」であるとお話ししました。それは、数直線を問題解決の道具にするためには、まず基準となる１が何かを押さえる必要があると考えたからでした。

それでは、まず、そもそもなぜ数直線なのかをお話ししましょう。

割合の問題になると、とたんに正答率が下がり、苦手な子が多い現状があります。その打開策はないものかと考えたとき、授業で説明のときに用いられる数直線が、解決の道具として機能していないのは、なぜなのかと思ったのがきっかけでした。

今回は、少し硬い話になってしまいますが、最近の関心事の一つでありますので、何卒ご了承ください。

それでは、問題の正答率と数直線の活用状況の関係についての調査結果とその考察についてご覧ください。

【調査結果】

横軸が数直線の活用度合いを、縦軸は正しく立式をして答えを導き出せているかを表します。以下は、A～D群に分けたそれぞれの結果です。

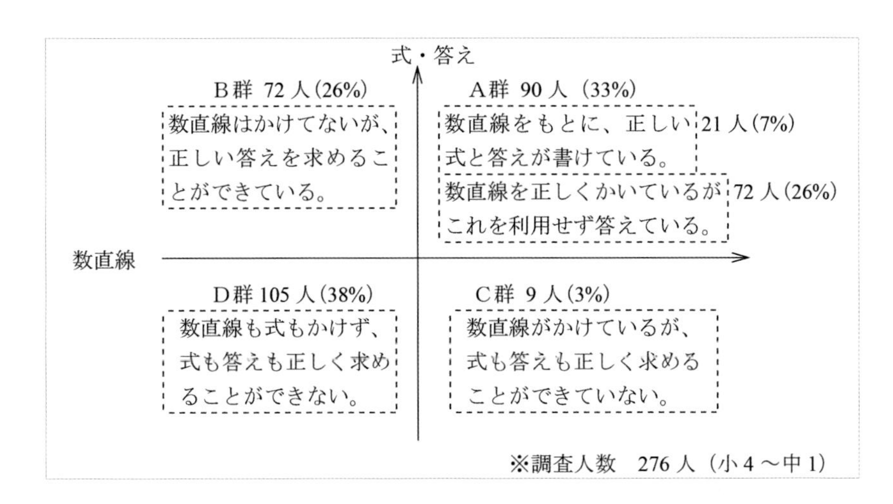

【結果の考察】

○A群について

A群は、数直線がかけていて、しかも正しい答えを導き出すことができた子の集団です。注目したいのは、数直線が立式時に活用されていたかどうかです。数直線が正しくかけているということは、問題文から的確に情報を取得できたことを示しています。これにより正しい答えを導くことができたと解釈できます。

しかし、数直線が問題理解には役立っていても、立式に役立っていたかは別です。

実際、正しく数直線をかいた子どもの中で、立式については２つに分かれていました。

A–1：数直線に記入した□（求めようとする値）を用いて、比例関係から導き出した式
A–2：□を使わないわり算の式

A-1の例は、数直線上に表した□を用いて式を立てようとしているので、数直線を意識した立式と言えます。一方、A-2は、数直線をかいていてもB群と同じで□を使わず、いきなりわり算の式となっています。これは、数直線により問題把握の手助けになったとは言えても、立式に役立ったとは言えません。

○B群について

数直線がかけてなくとも、正しい答えを導き出せているのは、学年が進んだ中学生に多く見られました。その理由として、学習や生活体験の積み重ねにより、数直線を敢えて使わなくとも求められる問題であったこと、しばらく数直線を使う学習から離れていたこと、もしくは、これまで数直線をかいて式を導き出す経験があまりなかったことなど、いくつか要因が考えられます。

○C群について

数直線がかけていて、式も答えも間違いという子はごく少数でした。これは、逆の見方をすれば、数直線の使い方を理解できれば正確に答えを導き出せることを示しています。

○D群について

ここに属する子どもたちは、数直線もかくことができず、式も立てることができない子どもたちです。どんな問題なのかも把握しておらず、割合の問題は自分には難しいと半ばあきらめている子どもたちとも言えます。深刻なのは、こうした子どもたちが、数直線を扱い始めた４年生の６割を占め、それ以降のどの学年においても３割以上を占めているという事実です。

【数直線の効果的な活用のために】

①A-2群への対応

A-2群に属している子は、数直線をかく活動を通して問題は理解できていると思われます。ただ、数直線をかくことと式から答えを求めることを、別々の課題として捉えていると考えられます。そこで、数直線を使っての立式の方法さえ理解できていれば、そのよさを実感し進んで活用できるものと考えます。

②Ｂ群への対応

Ｂ群に属する子は、数直線がなくても問題が解けているため、数直線の必要性を感じてはいないようです。実際、アンケート調査でも「問題を解くとき、自分から数直線をかこうと思わない」と述べていました。無理に数直線を使わせようとすると逆効果かもしれません。なぜなら、その子なりの解決の道具をすでに持っていると考えるからです。

ただ、数直線のよさに気付くことにより、活用の可能性はあると考えます。

③Ｃ群への対応

Ｃ群に属している子は、数直線から立式の仕方が理解できていないため、正しい答えを導き出せていません。数直線から立式する方法さえ理解できれば、進んで活用でき、すぐに数直線のよさを実感できるものと考えます。

④Ｄ群への対応

Ｄ群に属する子の多くは、算数全般に苦手意識を強く持っていると思われます。そのため、まずは道具となる数直線のかき方から丁寧に指導していく必要があります。問題文から、ポイントとなる基にする量や何を求める問題なのかを正しく把握し、問題解決に必要な情報を数直線をかく活動を通して整理できることを理解できるようにしていきます。数直線をかくことができたら、Ｃ群に属している子と同じ対応で、数直線を活用して立式へと導いていきます。こうしたステップを実態に応じて丁寧に進めていく必要があると考えます。

⑤A－1群への対応

数直線を活用して立式したと思われるのは、わずか１割にも満たないA－1群の子たちでした。この子たちであっても全員が、問題解決にいつでも数直線を活用しているとは限りません。むしろ、数直線をかくように指示があったらかいて、その数直線から立式したのかもしれません。より積極的に問題解決に数直線を活用できるようにするには、そのよさを確認し、実際の問題から実際に数直線をかく活動を経験させる必要があると考えます。道具は活用してこそ、その価値を理解できるからです。

こうして、それぞれの対応を見てきますと、丁寧な数直線の使い方の指導と合わせて、数直線のよさを子どもたちに実感させることが重要になってきます。そのためには、指導に当たる教師自身がまず数直線のよさを意識した上で、事あるごとに数直線を活用し、何度も子どもたちの目に触れさせていく必要があると考えます。

〈数直線の活用のよさ〉

①必要な情報を整理し、基にする量を明確にできる（情報の整理）。
②形式的な操作により、簡単に立式できる（形式的な操作）。
③結果を正しく予想でき、容易に確かめができる（結果の確かめ）。

これにより、これまで数直線の必要性を感じていなかった子であっても、その便利さに気付き、この後の問題場面で積極的に活用していくと思われますが、いかがでしょうか。

それでは、数直線の活用を実際の問題を通して確認していきましょう。

【実践例】

下の課題を提示し、数直線を用いて式を立て、答えを求めていきます。

■手作り教具

- リボンは色画用紙で作り、裏に磁石を貼り、移動できるようにしておきます。
- 数直線の枠を用意し、長さは必要に応じて書き込めるようにしておきます。
- 数値や□もカードにしておきます。

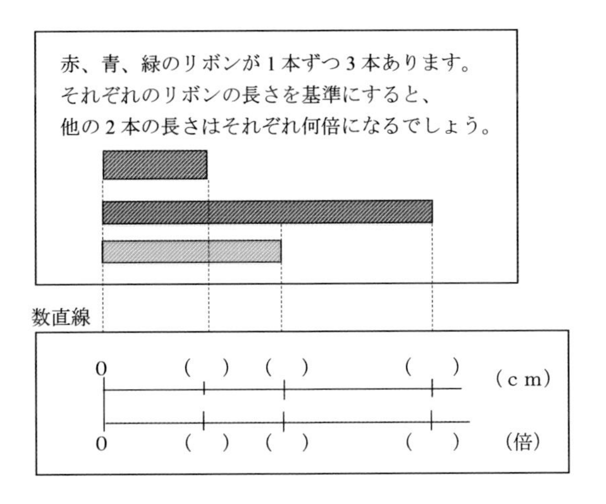

赤のリボン＝40 cm
青のリボン＝120 cm
緑のリボン＝60 cm
求めたい数＝□と置く

まずは、緑のリボンを基準としたときの問題です。
これは、小話41でも事例として取り上げています。

〈基準を数直線に示す〉 ～の○倍：～が基準です

①青のリボン120 cm は、緑のリボン60 cmの何倍ですか？
②赤のリボン40 cm は、緑のリボン60 cmの何倍ですか？

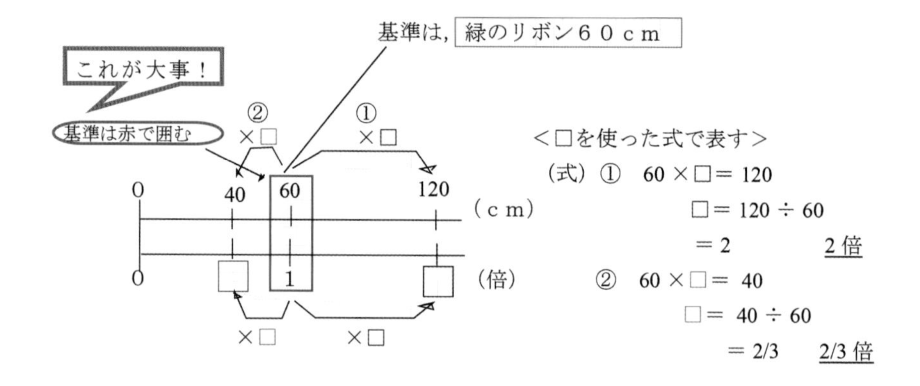

〈指導のポイント〉

⑴ 何が基準となっているのかを、問題文から読み取ることが必要です。「～の○倍」と書かれていれば、「～」が基準となっていることを押さえていきましょう。

⑵ 数直線については、量を表す数直線と割合（倍）を表す数直線を区別できるよう、単位（cm と倍）を入れます。また、条件から分かっている数値を書き入れます。求めようとする値を□で示します。

⑶ 何を基準にしているのかが一番重要なので、基準の 1 が明確になるよう数直線上でも 1 とそれに対応する数値が、はっきり分かるよう目印を付けます。例えば、赤の□で囲むなどです。この目印をすることが、基準を明確にするために重要だと考えます。

⑷ 比例関係から、どこからどこが×□の関係であるかが分かるよう数直線上に矢印を書き込むようにします。その際、矢印の向きにも注意させます。

⑸ 数直線から容易に□を用いた式が作れます。ここのところの扱いが重要です。ここで、数直線を用いたよさを実感させたいところです。

⑹ 基準より大きくなれば 1 以上、基準より小さくなれば 1 以下になることを数直線を見ながら、基準 1 との比較から実感させたいと

ころです。

(7) 基準が変われば、同じ対象でも大きさが変わることを実感させていきましょう。学習を振り返り、理解が不十分なときは、手作り教具（３つの三角柱）を見せ、基準を変化させると比べている対象の大きさが変わることが実感できれば効果的です。

小話41でご紹介した教具です。ここで、基準の重要性を再確認できるといいです。

小話37での、最接近ゲームでの子どもとのやりとりにもありましたが、どうしても教師の方から数直線を使わせようと半ば強引に数直線を提示しがちです。こうならないためにも、子ども自身が数直線のよさを実感し自ら活用できるようにしていきたいものです。

これをきっかけに、数直線の活用について話題が広がると嬉しく思います。

小話50　「分数ゲーム」で、思わずガッツポーズ！

「分数」

２人の男の子が、画面を見つめ、１人の子がガッツポーズをしています。なにやら楽しそうですね。

２人は、ゲームをしているようですが、さて、この写真を見て、どんなゲームをしているかお分かりですか？

そうです。提示された分数の位置をできるだけ正確に当てるゲームです。

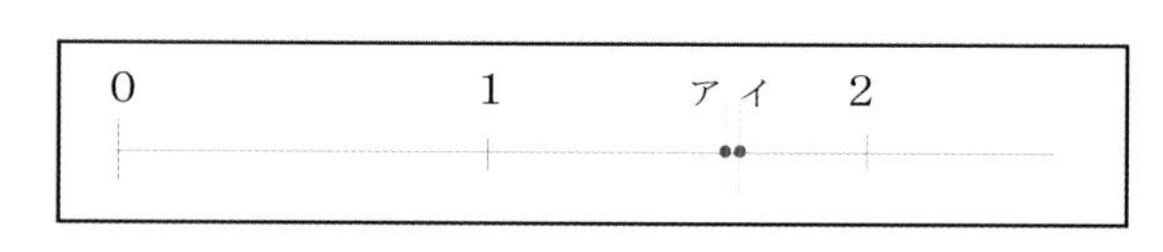

皆さんは左の数直線上で３分の５はどこか、すぐにお分かりですか？　およそ、ア、イの２点があるところですが、正確にはどちらの点だと思いますか？

ゲームは、最初、２人のプレーヤーが、数直線上に３分の５だと思う位置に、それぞれマークをします。その後、上の「チェック」のボタンを押すと、縦のバーが目盛り０から動き始めて正しい位置まで移動し、そこで止まります。

写真は、ちょうど縦のバーが３分の５の位置で止まった瞬間のものです。ご覧の通り、ガッツポーズをした子（プレーヤー１）の勝ちです。ズレ０との判定が出て、文句なしの勝利です。プレーヤー２の子も0.04のズレですから、ほぼ正解といっていいですね。でも勝負の世界は厳しいのです。こうした厳正な判定があるから、また楽しいのです。

このようにゲーム性を取り入れることで、より楽しく学ぶことができます。この後も、子どもたちは「次の分数」のボタンを押して、別の分数で引き続き対戦を楽しんでいました。皆さんもやってみたいと思いませんか？　ちなみに、先ほどの数直線の答えは気になりませんでしたか？　答えは、イでした。

このゲームから、私が考える「子どもを夢中にさせる要素」は、以下の４つになります。

- ○対戦型であること（勝敗を取り入れると、勝つために夢中になります）。
- ○動きがあること（動くものに、自然に意識が集中します）。
- ○判定が明確であること（数値となって表れると、負けても納得しやすいです）。
- ○繰り返しできること（楽しいと何度もやりたくなります。負けると尚更です）。

このソフトは、小話43でもご紹介した作図ツールのGeoGebraで制作したものです。同じGeoGebraで、このようなゲームが作れるとは驚きですね。

実は、このゲームの開発者は私ではなく、20年以上も前になりますが、院生時代にお世話になった布川和彦先生です。先生に「子どもは対戦が大好きです」とお伝えすると、早速、教材を対戦型にしてくださり、「共作の教材として活用してください」と嬉しいお言葉までいただきました。先生には、こうして今でも何かと相談をさせていただいては、いつも懇切丁寧にお応えいただき、また、貴重な情報までいただいております。本当に有り難いことです。

先生は、GeoGebraで他にもたくさんの教材を作成されています。ぜひ、先生のホームページ（https://www.juen.ac.jp/g_katei/nunokawa/nunokawa.html）を覗いてみましょう。

小話51　デジタルと教具の最強コラボです！

「連立方程式（代入法）」

最近のデジタル教材には、目覚ましいものがあります。一方、具体物としての教具は、影を潜めてその地位を奪われてしまったかのようです。実際、デジタル教材があれば、教材室からわざわざ立体図形を運ぶ必要もなく、マウス一つで映像の中で立体図形を自由に動かし、あらゆる方向から観察することもできます。場合によっては断面図や展開図まで示してくれます。本当に便利ですね。もしかしたら、近い将来、教具がすべてデジタルに取って代わられてしまうかもしれません。

ただ、私自身これまで手作り教具にこだわってきたため、デジタル教材のよさを認めつつも、デジタルでは得られない教具のよさをもう一度見直してもらいたいとの願いを強く持っています。今回は、その試みの一つで、デジタルと教具のそれぞれの特性を最大限生かそうと挑んだ授業です。少し大げさな前振りになってしまいましたが、話を進めます。

今回の事例は、連立方程式の代入法での授業になります。

ご存じのように、代入法は加減法より苦手としている子が少なくありません。そんな代入法を分かりやすくイメージさせる手立てが、私は以前からポイントだと考えていました。そんな折、この GeoGebra の教材に巡り合うことができたのです。

紙面上では、このデジタル教材のよさを忠実に、ご紹介できないのが残念です。

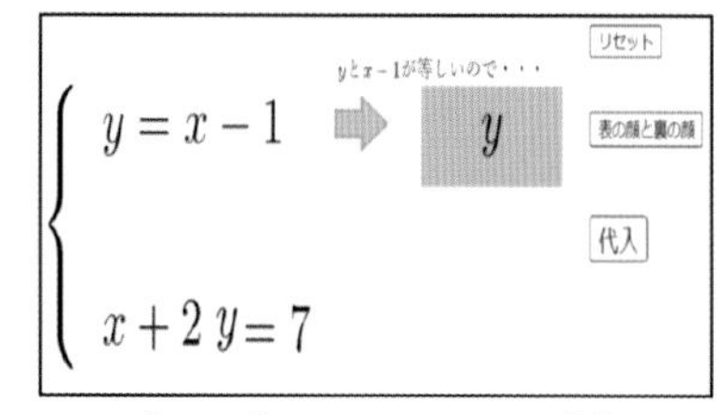

【画面①：y の移動開始前】

画面の「代入」のアイコンをクリックすると（画面①）、上の y の塊、つまり「表に y と書かれた箱」が $x+2y=7$ の y のところ目指してゆっくり移動し始めます。それにともない箱が入る場所の間隔が広がり始め、yの場所に「表にyと書かれた箱」がスライドしていくところを見ることができます（画面②）。代入のイメージを伝えるには絶好の映像となっています。

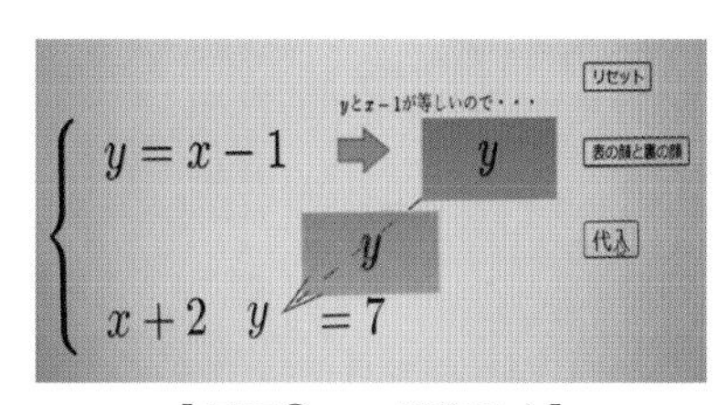

【画面②：yが移動中】

代入法では、当然ながら代入としての式操作も重要ですが、その基になる「$y=x-1$」等式が「yの代わりに$x-1$と置ける」を意味することの理解が、何よりも重要だと考えていました。ですから、文字の「表の顔と裏の顔」のフレーズを見たとき、「$y=x-1$」の等式を明確にイメージさせる本質を突いた絶妙な表現だと思いました。さらに、このデジタル教材には、そのための仕掛けがありました。

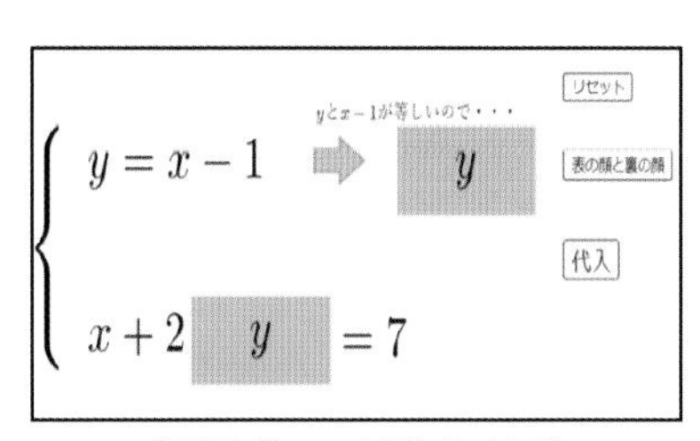

【画面③：yが移動完了】

画面上にある「表の顔と裏の顔」のアイコンをクリックすると、箱の上に書かれた表の顔である「y」の文字が、一瞬で裏の顔である「$x-1$」に変わります。クリックする毎に表裏が交互に表示されます。確かに、同じ場所で「y」と「$x-1$」が交互に現れる映像を見せることは、一定の効果はあると思いました。

ただ、この映像だけで十分かと言えば、どこか疑問が残りました。やはり、シンプルに実物としての板を提示することだと考えたのです。

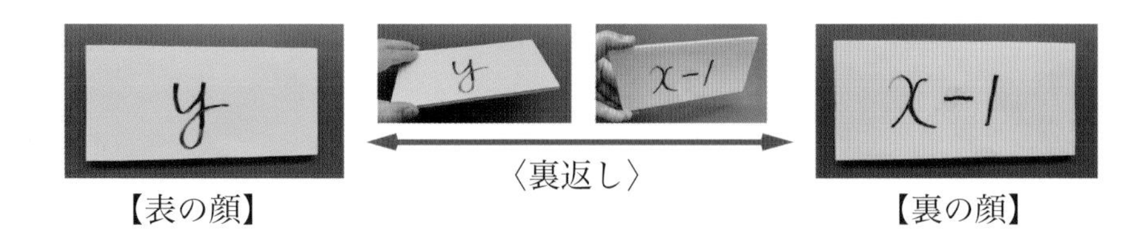

写真にあるように「表にy、裏に$x-1$を書いた板」が目の前にあれば、「yと$x-1$が同じもの」との理解が、より強烈に意識付けられると考えたのです。

実際に板を手にしたとき、映像で工夫するよりもはるかに確かだと実感しました。手に取った1枚の板の表と裏だけに、表と裏の表情が違っていても同じものといった認識は、シンプルに一番確かなものだからです。

授業では、デジタル教材で代入の仕方を再度映像で確認した後でしたが、次の類題を黒板で解かせたときには、少し戸惑いが見られました。

そこで$x=4y+3$の式から、実際に手作りのミニボードの表に「x」を裏に「$4y+3$」を記入させると、その後の計算は、板を見ながら容易に式を完成させることができていました。

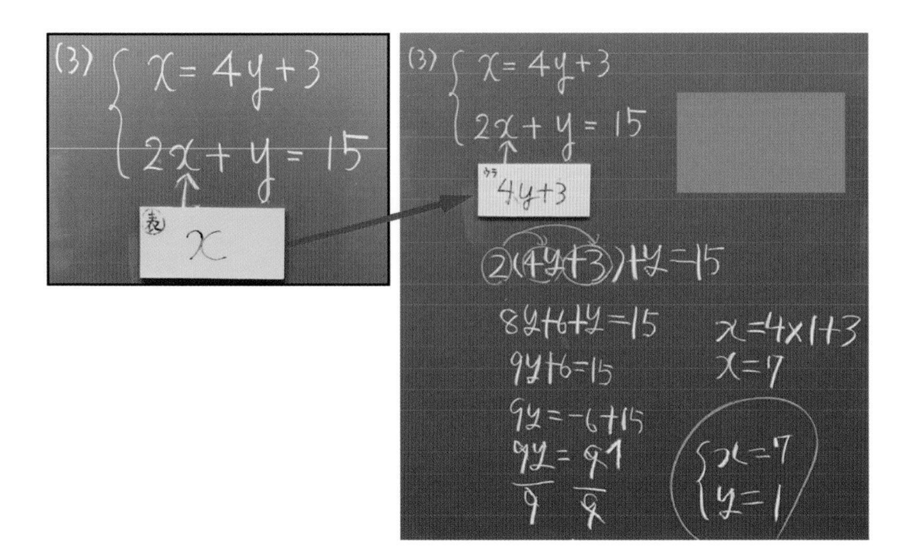

このように、ちょっとした工夫で、教具のほうがデジタルより効果的な例は、少なくないのではないでしょうか。単に便利だからデジタル教材を使うのではなく、何を目的に使うかです。確かに、効率も大切にしていきたいところですが、子どもにとって何を使うことが、一番効果的なのかを常に問い直していきたいものです。

実は、ここでのGeoGebraの教材ですが、先にご紹介させていただいた布川先生が作成されたものでした。ご紹介した通り、文字が動いて入れ替わる映像は見事です。デジタルならではの技術です。ぜひ、体感してみてください（https://www.geogebra.org/m/yj4yhjwd）。

さらに、先生の文字の「表の顔と裏の顔」の表現は、まさに「これだ！」と思いました。早速、使わせていただきました。ただ、この肝心な発想を充分に生かすには、やはりデジタルに勝る手作りのボードだと思った次第です。

これぞ、よさを生かした最強のコラボだと思いませんか。

小話52　子どもの素朴な疑問から

「文字式の利用」

先日、たまたま中堅の数学のH先生と廊下を歩きながら話をする機会がありました。そのとき、H先生からおよそ次のような話がありました。

文字式の利用の授業で、文字式を使って整数の性質を説明する問題で、生徒から**「いつも、nを整数として奇数を2n+1としてますが、なぜ、最初から奇数をnとしては駄目なのですか？」**と質問されたそうです。そのとき、H先生はどう答えていいか分からず、困ってしまったと言うのです。

皆さんは、この話を聞いてどう思われましたか？　私も突然の話で、その場では、「文字式で奇数を正しく表現できていないので、これでは説明できないのでは？」と、否定的な見方となり、歯切れの悪い返答になってしまいました。

その後、その質問内容が気になり、教室に戻りもう一度考えてみることにしたのです。すると、なんと説明できるではないですか！　ただし、連続した数同士の関係にある場合に限られていましたが、私にとっては新しい発見でもあり、驚きでした。

それでは、実際にみてみましょう。

例えば、「連続する２つの奇数の和は、いつも偶数である」を説明する問題です。

連続する奇数の小さい方の奇数を n とおくと、大きい方の奇数は $n+2$ となります。

ですから、その和は、$n+(n+2)$

$= 2n+2$

$= 2(n+1)$

$n+1$は整数なので、$2(n+1)$ は2の倍数。つまり、偶数です。

よって、連続する奇数の和は、いつも偶数であると説明できます。

次に、「連続する3つの偶数の和が、中央の偶数の3倍になる」を説明する問題は、どうでしょうか。これも偶数を$2n$（ただしnは整数）と置く必要はありません。

連続する3つの偶数のうち、一番小さい偶数をmとすると、連続する3つの偶数は、m、$m+2$、$m+4$と表すことができます。

このとき、これらの和は、$m+(m+2)+(m+4)$

$= 3m+6$

$= 3(m+2)$

これは、中央の偶数（$m+2$）の3倍となっていることを示しています。

むしろ、偶数をあえて$2n$（ただしnは整数）としない方が、説明がスマートだと思いませんか。

実際に、教科書ではどう扱っているのか気になったので調べてみました。すると、数研出版と啓林館の教科書に、同じような問題が掲載されていました。

■数研出版『これからの数学２』（令和３年度発行）p. 37

> 連続する２つの奇数の和は、４の倍数になります。
> このことを、次のように説明しました。空らんをうめて、説明を完成させなさい。
> n を整数として、小さい方の奇数を $2n+1$ と表すと、
> 大きい方の奇数はア $\boxed{2n+3}$ と表せる。
> このとき、これらの和は
> $(2n+1)+($ア $\boxed{2n+3})=$ イ $\boxed{4n+4}$
> $=4\times($ウ $\boxed{n+1})$
> ウ $\boxed{n+1}$ は整数であるから、$4\times($ウ $\boxed{n+1})$ は４の倍数である。
> よって、連続する２つの奇数の和は、４の倍数である。

※空欄の□には、すでに解答を入れて提示した。

私が先に取り上げた問題との違いは、連続する２つの奇数の和が、「偶数」ではなく、「４の倍数」でした。これも以下のように対応できます。

連続する２つの奇数のうち、小さい方の奇数を n とおくと、
$n+(n+2)=2(n+1)$
となりました。
n が奇数より $n+1$ は偶数なので、２の倍数になります。
$2(n+1)$ は、２の倍数に２をかけた数なので、４の倍数になります。
補足が必要ですが、最初に奇数を n としても、全く問題なく説明することができます。

■啓林館『未来にひろがる数学２』（令和３年度発行）p. 32

> 12、14、16のような連続する３つの偶数の和が、中央の偶数の３倍になることを、文字式を使って説明するために、次のように考えます。

①連続する３つの偶数のうち、いちばん小さい偶数を$2n$として、連続する３つの偶数を$2n$、$2n+2$、$2n+4$と表す。
②それらの和が中央の偶数の３倍になることを示すために、それらの和を$3\times($　　　$)$の形の式に変形する。

(1)　上の［　　　］にあてはまる式を、nを使って表しなさい。
(2)　上の方法で、連続する３つの偶数の和は、中央の偶数の３倍になっていることを説明しなさい。

この問題は、お気付きのように先に取り上げた問題と全く同じです。ただ、違いは問題文の中の偶数の表し方です。すでに指摘したように、上の問題で$2n$、$2n+2$、$2n+4$をm、$m+2$、$m+4$に、置き換えても全く問題ありません。驚きです。我々教師は、いつも偶数は$2n$、奇数は$2n+1$の形で表すものと決めつけてしまっていたのですね。

素朴な子どもの発想がなかったら、こうした事実に気が付かなったことでしょう。さらに、一見不自然と思える、こうした子どもの考えに対しても肯定的に受け止めていたＨ先生の姿勢が、新しい発見や気付きに繋がったとも言えます。

数学はこうして、いろいろな人の考えに耳を傾け、皆で疑問を解決していく中で、様々な気付きや発見があるから面白いのですね。次回の教科書改訂の際に、この点について言及があったら、まさに、この生徒とＨ先生のお手柄と言えますね。

小話53　再チャレンジ！　偶数正多角形では？

「超難問」

小話41から小話43へと引き継がれた小話を憶えていますか？　小話43では、奇数正多角形については何とか解決できたものの、偶数正多角形については、未解決のままとなっていました。
そこで、今回この未解決問題に挑戦することにしました。では、その奮闘ぶりをお楽しみください。

奇数正多角形の場合は、その対称性により解決することができました。ところが、偶数正多角形の場合は対称とならないため、どこにも対称軸をとることができませんでした。ここが大きな壁となっていました。

ところが、よく観察してみると、それぞれの偶数正多角形の重心点だけを見れば、その位置関係は、対称の位置関係にあることに気が付いたのです。だったら、「その位置から何度か回転させ、条件に合わせればいいのでは？」と考えてみたのです。

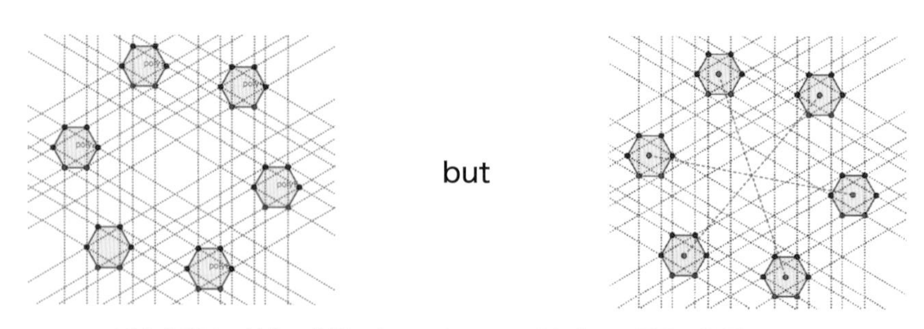

正六角形は、対称の位置にない。しかし、重心点は、対称の位置にある。

まず、奇数正多角形のときと同じように、それぞれの正六角形が対象の位置にあると仮定します。すると、それに合わせて同一円周上にある重心の位置を表すことができます。ただ、これだけだといくら同心円の半径を変えても重なりを取ることができません。

　そこで、ずらすためには回転が必要になります。その回転角度をαとおいて、図形の対象の位置からさらに$+\alpha$の回転を入れることで、重心間の距離に合わせた位置に調整していこうというわけです。

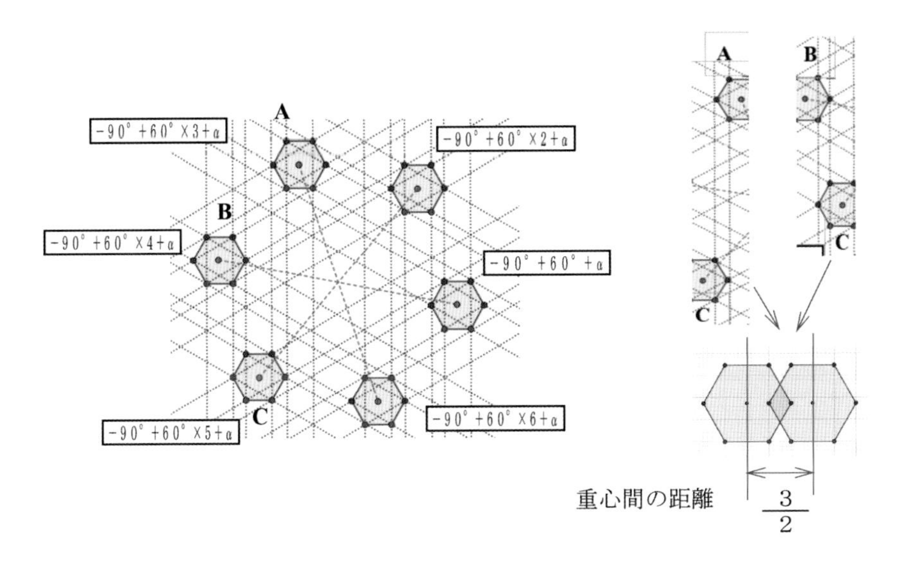

$$\begin{cases} \text{AC間} & R\cos(-90^\circ+60^\circ\times3+\alpha)-R\cos(-90^\circ+60^\circ\times5+\alpha)=\dfrac{3}{2} \\ \text{BC間} & R\cos(-90^\circ+60^\circ\times5+\alpha)-R\cos(-90^\circ+60^\circ\times4+\alpha)=\dfrac{3}{2} \end{cases}$$

まとめると、

$$\begin{cases} R\cos(90^\circ+\alpha)-R\cos(210^\circ+\alpha)=\dfrac{3}{2} \\ R\cos(210^\circ+\alpha)-R\cos(150^\circ+\alpha)=\dfrac{3}{2} \end{cases}$$

$\cos(90^\circ+\alpha)=-\sin\alpha$

$\cos(210^\circ+\alpha)=-\cos(\alpha+30^\circ)$

$\cos(150°+\alpha) = -\cos(\alpha-30°)$　　だから

$$\begin{cases} -R\sin\alpha + R\cos(\alpha+30°) = \dfrac{3}{2} & \cdots\cdots ① \\ -R\cos(\alpha+30°) + R\cos(\alpha-30°) = \dfrac{3}{2} & \cdots\cdots ② \end{cases}$$

さらに、三角関数の加法定理

$\cos(\alpha\pm\beta) = \cos\alpha\cos\beta \mp \sin\alpha\sin\beta$　より

$$\cos(\alpha+30°) = \cos\alpha\cos30° - \sin\alpha\sin30°$$

$$= \frac{\sqrt{3}}{2}\cos\alpha - \frac{1}{2}\sin\alpha \quad \cdots\cdots ③$$

$$\cos(\alpha-30°) = \cos\alpha\cos30° + \sin\alpha\sin30°$$

$$= \frac{\sqrt{3}}{2}\cos\alpha + \frac{1}{2}\sin\alpha \quad \cdots\cdots ④$$

①に③を代入して

$$-R\sin\alpha + R\left[\frac{\sqrt{3}}{2}\cos\alpha - \frac{1}{2}\sin\alpha\right] = \frac{3}{2}$$

整理して

$$-\frac{3}{2}R\sin\alpha + R\frac{\sqrt{3}}{2}\cos\alpha = \frac{3}{2} \quad \cdots\cdots ⑤$$

②に③、④を代入して

$$-R\left[\frac{\sqrt{3}}{2}\cos\alpha - \frac{1}{2}\sin\alpha\right] + R\left[\frac{\sqrt{3}}{2}\cos\alpha + \frac{1}{2}\sin\alpha\right] = \frac{3}{2}$$

整理して

$$R\sin\alpha = \frac{3}{2} \quad \cdots\cdots ⑥$$

⑤に⑥を代入して

$$R\cos\alpha = \frac{5\sqrt{3}}{2} \quad \cdots\cdots\cdots ⑦$$

⑥と⑦より

$$(R\sin\alpha)^2 + (R\cos\alpha)^2 = \frac{9}{4} + \frac{75}{4}$$

$$R^2 = 21$$

R > 0 より　$R = \sqrt{21}$

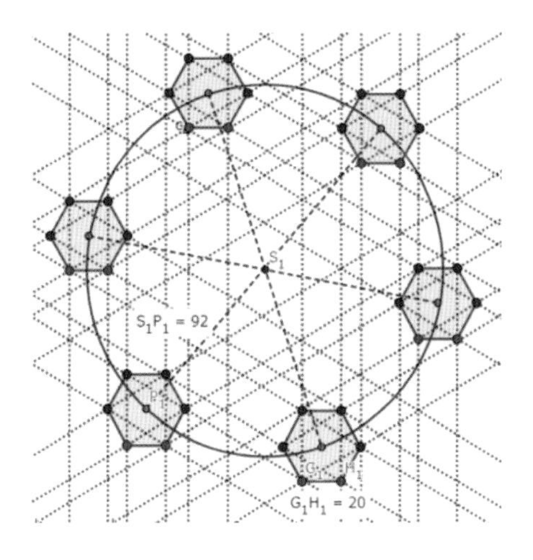

〈画面上の長さ〉

正六角形の１辺の長さ　＝20

重心までの同心円の半径＝92

$92 \div 20 = 4.6$

$\sqrt{21} = 4.58...$

半径は$\sqrt{21}$で間違いなさそうです。

次に、偶数正多角形の中で、一番簡単な正四角形を取り上げてみます。

正六角形でのやり方が適応できるのか、同じ手順で求めてみましょう。

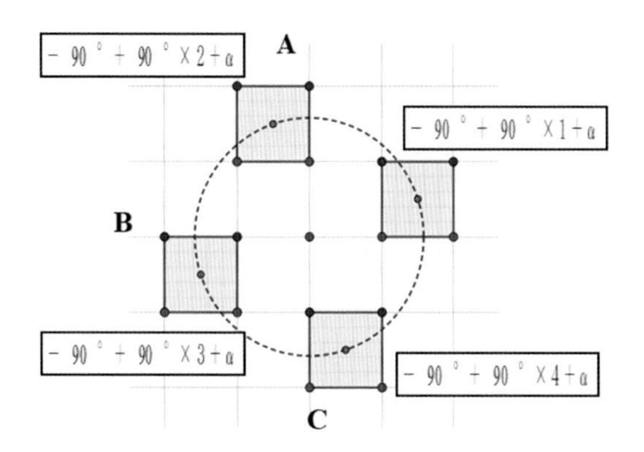

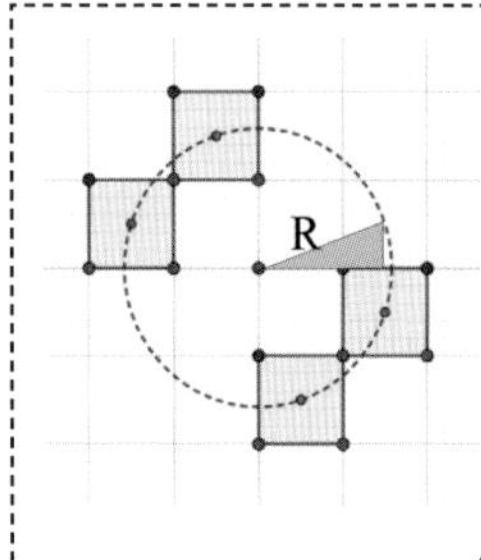

左図のように配置しても、条件に合っていることが分かります。直角三角形の斜辺をRとすると、残りの辺の長さが$\frac{3}{2}$と$\frac{1}{2}$となるので、三平方の定理を使い、簡単にRを求めることができます。

$$R^2=\left(\frac{3}{2}\right)^2+\left(\frac{1}{2}\right)^2 \qquad R^2=\frac{5}{2} \qquad R=\frac{\sqrt{10}}{2}$$

AC間
AB間

$$\begin{cases} R\cos(-90°+90°\times4+\alpha)-R\cos(-90°+90°\times2+\alpha)=1 \\ R\cos(-90°+90°\times2+\alpha)-R\cos(-90°+90°\times3+\alpha)=1 \end{cases}$$

↓

$$\begin{cases} R\cos(270°+\alpha)-R\cos(90°+\alpha)=1 \\ R\cos(90°+\alpha)-R\cos(180°+\alpha)=1 \end{cases}$$

↓

$$\begin{cases} R\sin\alpha+R\sin\alpha=1 \\ -R\sin\alpha+R\cos\alpha=1 \end{cases} \rightarrow \begin{cases} R\sin\alpha=\frac{1}{2} \\ R\cos\alpha=\frac{3}{2} \end{cases}$$

$$(R\sin\alpha)^2+(R\cos\alpha)^2=\frac{1}{4}+\frac{9}{4}$$

$$R^2=\frac{5}{2}$$

$$R=\frac{\sqrt{10}}{2}$$

画面上の数値から、正四角形の１辺を１とすると、それぞれの重心を含む円の半径は、

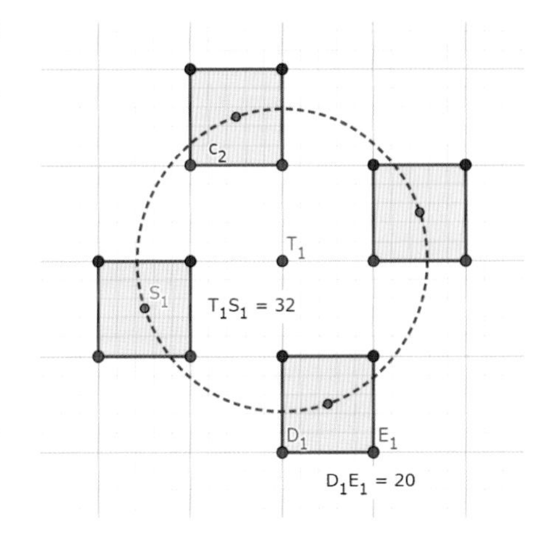

$$32\div 20=1.6$$

6

$$\frac{\sqrt{10}}{2}=1.58\ldots$$

この計算も間違いないようです。

すると、正八角形の場合も同じように計算することができるはずです。

では、やってみましょう。

ここで、実際に配置された図形を見て、気が付いたのです。

奇数正多角形との違いは、対称性が問題ではなく、隣同士となった正多角形同士の位置関係で、奇数正多角形の場合は１カ所でよかったのですが、偶数正多角形の場合は２カ所必要となる点でした。

ですから、重心間の距離を測れる縦軸が使える場所を次頁の図のようにA、B、Cと選べばいいことなのです。そのため、偶数正多角形の場合、基準に−90°を入れて調整する必要はないのです。

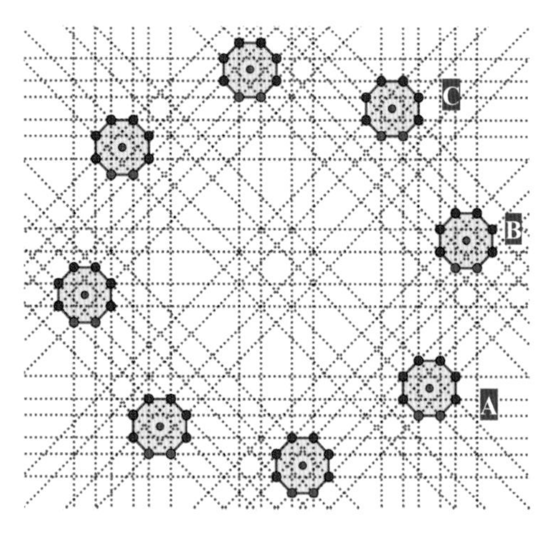

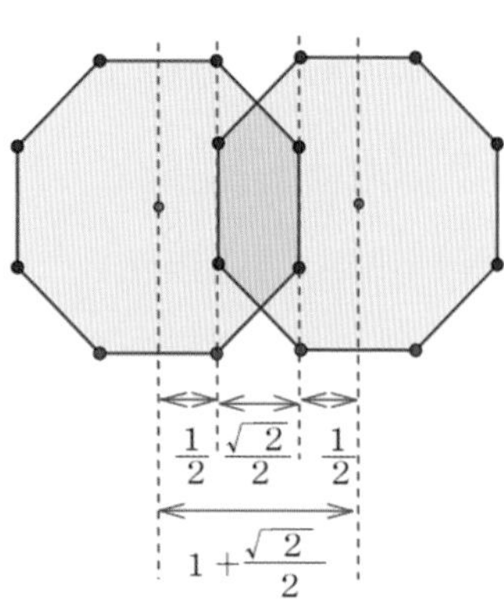

$$
\begin{cases}
\text{AC 間} & R\cos(-45^\circ+\alpha)-R\cos(45^\circ+\alpha)=1+\dfrac{\sqrt{2}}{2} \\
\text{AB 間} & R\cos\alpha-R\cos(-45^\circ+\alpha)=1+\dfrac{\sqrt{2}}{2}
\end{cases}
$$

三角関数の加法定理より

$$\cos(\alpha-45^\circ)=\cos\alpha\cos45^\circ+\sin\alpha\sin45^\circ$$

$$=\frac{\sqrt{2}}{2}(\cos\alpha+\sin\alpha)$$

$$\cos(\alpha+45^\circ)=\cos\alpha\cos45^\circ-\sin\alpha\sin45^\circ$$

$$=\frac{\sqrt{2}}{2}(\cos\alpha-\sin\alpha)$$ だから

$$
\begin{cases}
R\sin\alpha=\dfrac{1+\sqrt{2}}{2} \\
R\cos\alpha=\dfrac{3(3+2\sqrt{2})}{2}
\end{cases}
$$

$R^2=39+27\sqrt{2}$　　　$R=\sqrt{39+27\sqrt{2}}$

$=8.785...$

画面での測定値から正八角形の１辺の長さを１とすると、

$88 \div 10 = 8.8$

計算では、R = 8.785...（785に取り消し線、上に「8」と手書き修正）

この計算も間違いないようです。

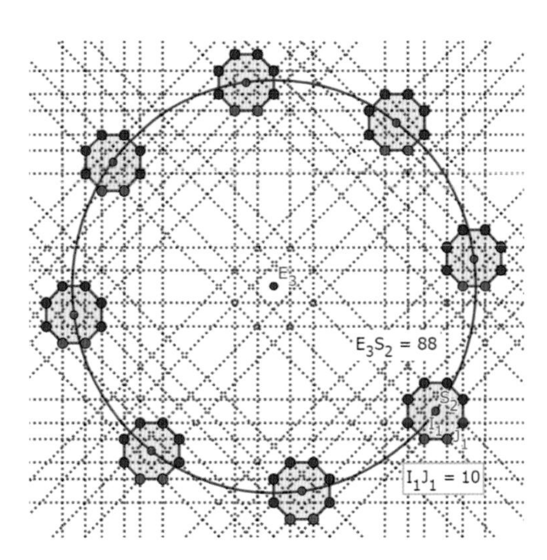

すると、次に正十角形では、どうなるのか調べてみたいと思いませんか？

では、正十角形について、同じように調べてみましょう。

【正十角形】

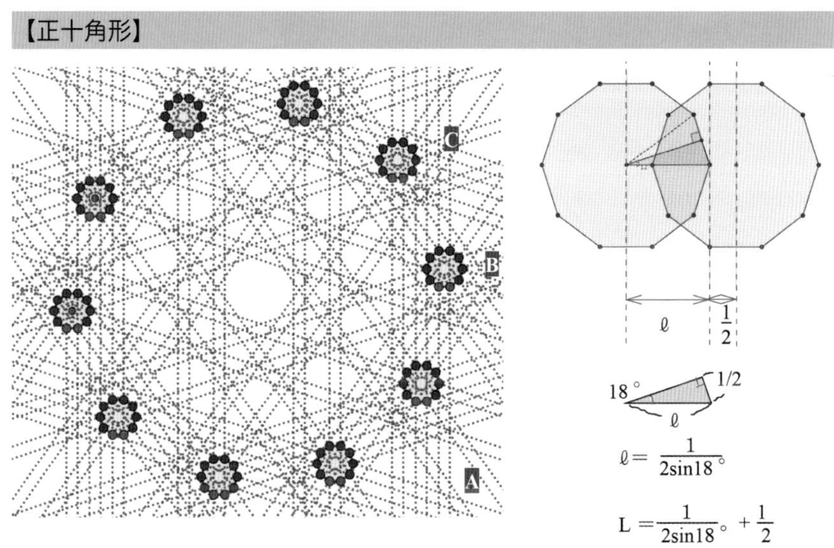

$$
\begin{cases}
\text{AB 間} \quad R\cos\alpha - R\cos(-36^\circ+\alpha) = \dfrac{1}{2\sin 18^\circ} + \dfrac{1}{2} \\
\text{AC 間} \quad R\cos(-36^\circ+\alpha) - R\cos(36^\circ+\alpha) = \dfrac{1}{2\sin 18^\circ} + \dfrac{1}{2}
\end{cases}
$$

三角関数の加法定理より、

$\cos(\alpha-36^\circ) = \cos\alpha\cos 36^\circ + \sin\alpha\sin 36^\circ$

$\cos(\alpha+36^\circ) = \cos\alpha\cos 36^\circ - \sin\alpha\sin 36^\circ$ を代入して整理すると、

$$
\begin{cases}
R\sin\alpha = \dfrac{1}{2\sin 36^\circ}\left[\dfrac{1}{2\sin 18^\circ} + \dfrac{1}{2}\right] \\
R\cos\alpha = \dfrac{3}{2(1-\cos 36^\circ)}\left[\dfrac{1}{2\sin 18^\circ} + \dfrac{1}{2}\right]
\end{cases}
$$

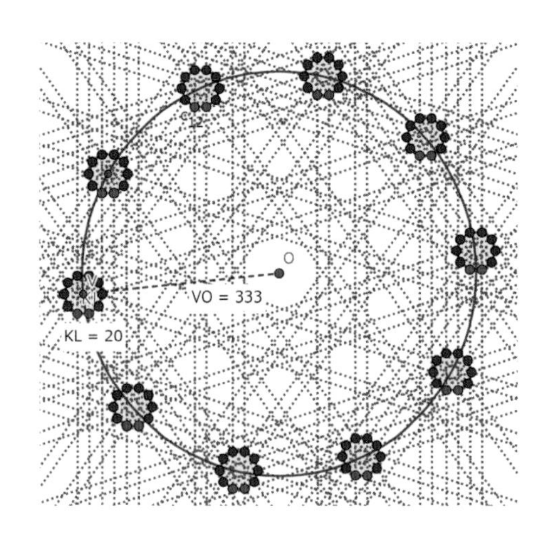

$\sin 36^\circ = 0.587785...$

$\cos 36^\circ = 0.809016...$

$\sin 18^\circ = 0.3090169...$

$\cos 18^\circ = 0.951056...$

を代入して計算すると

$R\sin\alpha = 1.8017...$

$R\cos\alpha = 16.6352...$

$R^2 = 3.246... + 276.730...$

$= 279.976...$

$R = 16.732...$

画面からの測定から

$333 \div 20 = 16.65$（7）

この計算も間違いないようです。

ご覧のように解法が分かると、別の多角形でも使えるのか確かめたくなるものですね。結局、正三角形から正十角形まで、重心点の位置が最短となる半径を計算で求め作図で確かめることができました。こうした活動の一つ一つが新しい発見で、ワクワクの連続でした。その中で、感動した出来事もありました。その一つをご紹介します。

それは、正九角形の作図のときです。正九角形の配置は左右対称なので、中心からどの方向に重心点があるか分かっています。ですから、簡単に作図できるものと考えていました。隣同上の正九角形の位置関係を見ながら、中心から放射状に９方向に伸びる半直線上を滑らせながら調整していけばいいのですから。ところが、実際にやってみると、なかなかうまくいきません。

そこで、実際に計算で円の半径を求めて、放射状に伸びる直線と円の交点の位置に各正九角形の重心を合わせるようにしたのです。

すると、苦労して描けなかった図が一瞬にして、完璧で均整のとれた、何ともきれいな図形を描くことができたのです。これには感激しました。計算の正しさも同時に証明できた瞬間でした。この図形の美しさに、しばし見とれてしまいました。

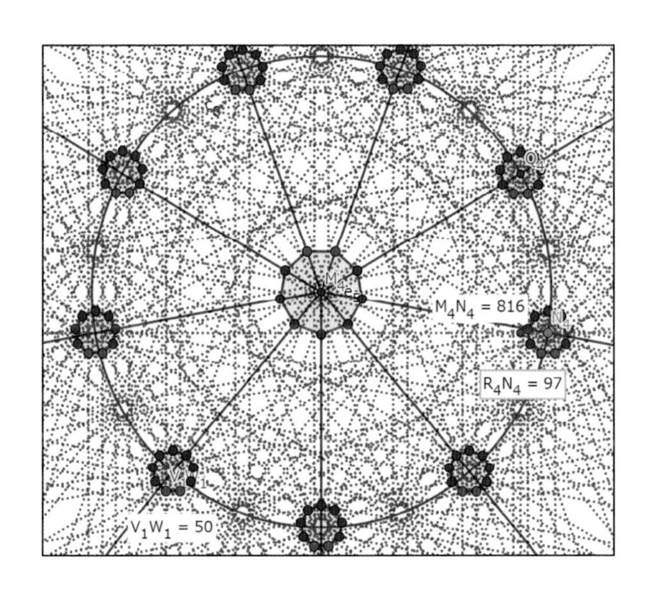

小話54　一般形の正n角形に挑戦！

「探究心」

前話で、二十年来の疑問にようやく答えが出せたと思ったのですが、何かしっくりこないのです。いつのまにか、自分の中で次のような問答が始まっていました。「10より角数を増やしたらどうなるの？」「計算は煩雑になるけど、できると思うよ」「それで満足？」そうです。まだ、一般形である「正 n 角形の重心点の位置が最小となる半径を求める式」を求めていませんでした。

前回も小話の趣旨からはずれ、自己満足の世界に入ってしまいましたが、今回も同じようになりそうです。この我が儘をお許しいただき、またお付き合いいただけると有り難いです。それでは、一般形に挑戦です。

最初に、問題となるのが、基準となる２つの正多角形同士となる重心の距離の設定です。前に取り上げた、正十角形を思い出してください。

ご覧のように、図形の中に直角三角形を作ることで、何とか重心間の距離の設定はできました。このやり方には、一般性はありません。いつでも使える考え方とは言えませんね。

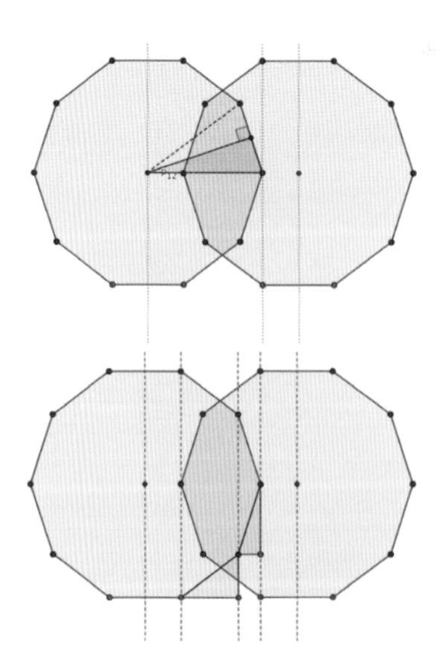

そこで、次のように考えてみました。そうすると、角数が増える度に、外角の大きさの整数倍されたコサイン分だけ長くなっていくことが分かります。この考えは奇数正多角形のときにも当てはまります。これで、見通しが明るくなってきました。一遍に視界が広がった感じです。

重心間の距離をＬと置くと、正 n 角形のとき、

$$\mathrm{L} = 1 + \cos\left(\frac{360^\circ}{n}\right) + \cos\left(\frac{360^\circ}{n} \times 2\right) + \cdots\cdots$$

正三角形：$\mathrm{L} = 1 + \cos\left(\frac{360^\circ}{3}\right)$（×）

あれ？　正三角形のときは、確か重心間の距離は１でした。そうなんです。

コサインの角度には、制限があります。$\boxed{\frac{360^\circ}{n} < 90^\circ}$ でないと駄目なことに気付くことができました。

正 n 角形：$\mathrm{L} = 1 + \sum_{k=1}^{\alpha} \cos\left\{\left(\frac{360^\circ}{n}\right) \times k\right\}$　ただし、α は、$\alpha < \frac{n}{4}$ ※ を満たす最大の整数とする。

※ $\frac{360^\circ}{n} \times \alpha < 90^\circ$ より $\alpha < \frac{n}{4}$

それでは、いよいよ奇数正多角形と偶数正多角形に分けての計算です。

最初に、奇数正多角形について考えてみましょう。
一般形を求めるために、サンプルとして正九角形の具体例をもとに考えてみましょう。

【正九角形の場合】

$$\mathrm{L} = 1 + \sum_{k=1}^{2} \cos\left\{\left(\frac{360^\circ}{9}\right) \times k\right\} \qquad \alpha < \frac{9}{4} \text{ を満たす最大の整数は}2$$

$$= 1 + \cos(40^\circ \times 1) + \cos(40^\circ \times 2)$$

$\mathrm{R}\cos(-90°+40°\times2)-\mathrm{R}\cos(-90°+40°\times3)=\mathrm{L}$

$\mathrm{R}\sin(40°\times2)-\mathrm{R}\sin(40°\times3)=\mathrm{L}$

$$\mathrm{R}=\frac{1+\sum_{k=1}^{2}\cos\left\{\left(\frac{360°}{9}\right)\times k\right\}}{\sin(40°\times2)-\sin(40°\times3)}$$ $\alpha<\frac{9}{4}$ を満たす最大の整数は2

$$=\frac{1+0.7660...+0.1736...}{0.9848...-0.8660...}$$

$$=\frac{1.9396...}{0.1188...}$$

$$=6.33...$$

正 n 角形の場合（n は奇数）

L：重心間の最短距離　N：外角の大きさ

$$\mathrm{R}=\frac{\mathrm{L}}{|\sin(\mathrm{N}\times\alpha)-\sin\{\mathrm{N}\times(\alpha+1)\}|}$$

$$=\frac{1+\sum_{k=1}^{\alpha}\cos\left[\frac{360°}{n}\times k\right]}{\left|\sin\left[\frac{360°}{n}\times\alpha\right]-\sin\left\{\frac{360°}{n}\times(\alpha+1)\right\}\right|}$$

ただし、α は、$\alpha<\frac{n}{4}$ を満たす最大の整数とする。

ここで、分母の絶対値について触れておきます。なぜ、絶対値の記号が必要かというと、以下の２つのパターンが考えられたからです。

$\mathrm{R}\cos(-90°+\mathrm{N}\times\alpha)>\mathrm{R}\cos\{-90°+\mathrm{N}\times(\alpha+1)\}$ ……………………………… ①

$\mathrm{R}\cos(-90°+\mathrm{N}\times\alpha)<\mathrm{R}\cos\{-90°+\mathrm{N}\times(\alpha+1)\}$ ……………………………… ②

例えば、正五角形のときは、$R\cos(-90°+72°) > R\cos(-90°+72°\times 2)$
一方、正七角形のときは、$R\cos(-90°+51.4°) < R\cos(-90°+51.4°\times 2)$
のように、それぞれ①と②の場合があるからです。

では、この式が正しいか、実際の奇数正多角形について調べてみましょう。

【正十三角形の場合】

それでは、正十三角形の場合で確かめてみましょう。

$13 \div 4 = 3.25$ より　$\alpha = 3$

$$R = \frac{1+\sum_{k=1}^{3}\cos\left[\frac{360°}{13}\times k\right]}{\sin\left[\frac{360°}{13}\times 3\right]-\sin\left[\frac{360°}{13}\times(3+1)\right]}$$

$$= \frac{1+\cos 27.6923...°+\cos 55.3846...°+\cos 83.0769...°}{\sin 83.0769...°-\sin 110.7692...°}$$

$$= \frac{1+0.8854...+0.5680...+0.1205...}{0.9927...-0.9350...} = \frac{2.5739...}{0.0577...}$$

$$= 44.608...$$

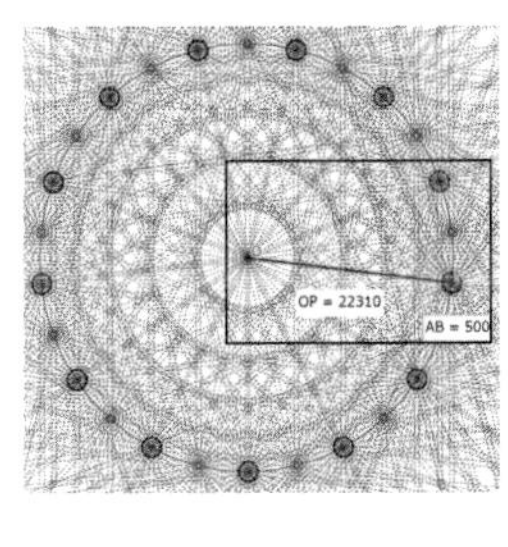

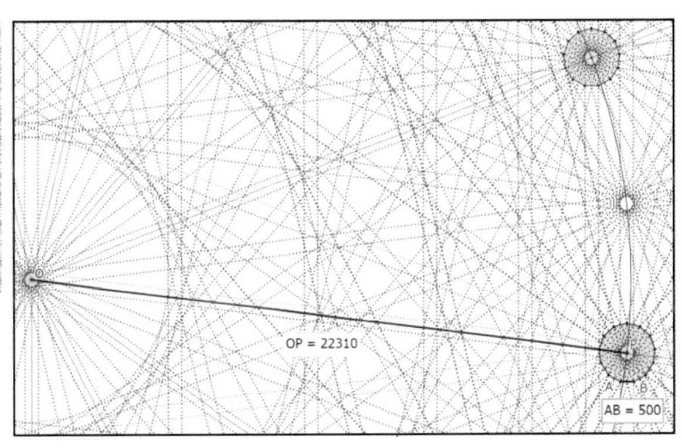

画面からの測定結果より22310÷500＝44.62

計算による値は44.608...。

今回も間違いないようです。

正十三角形になると、ほぼ円ですね。それにしても、きれいな模様です。

ゆっくり鑑賞してみましょう。

正十三角形は、ほぼ円と見えるだけでなく、かすかに同心円が５つ見えます。

正十三角形が同一円周上に並び、その間にも円のような模様が見えませんか。

見れば見るほど、不思議な模様ですね。

こうした模様に出会えたのも作図ツールであるGeoGebraのお陰です。仮に、計算で最短の半径を求めることができても、定規のコンパスだけでは、これだけの図を描くことはできません。

さらに、作図ツールを使って思い切って図を縮小してみました。いかがですか？

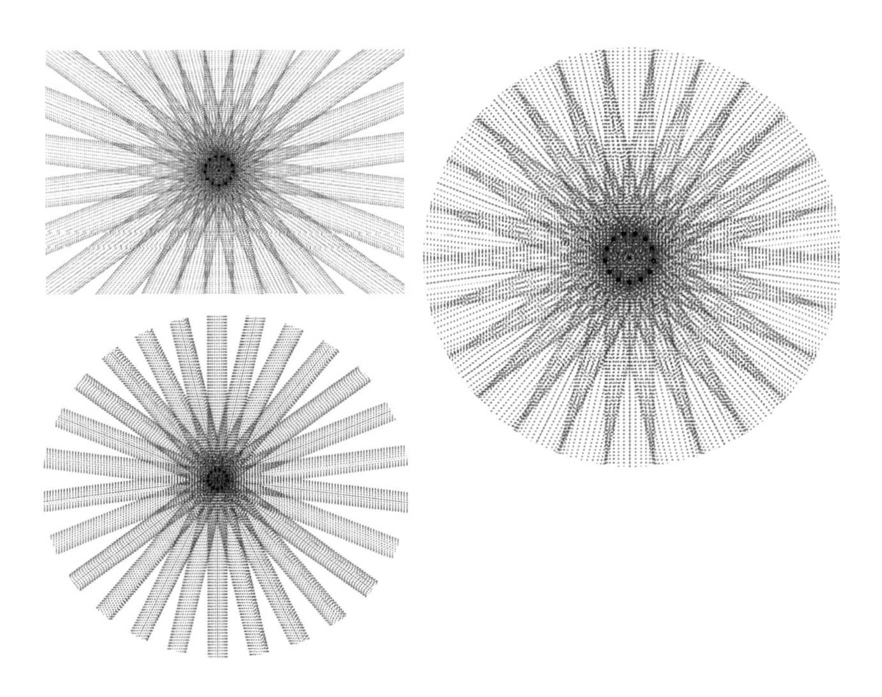

朝顔のようにも見えますね。

花びらのようなものを数えると、どれも26枚あります。正十三角形の13を２倍した数ではないでしょうか。また、別の正多角形で色を変えて試してみても面白いですね。

少し遊び過ぎたようです。まだ、偶数正多角形の場合が残っているのを忘れていました。

続いて、問題の偶数正多角形の場合の一般形です。

それでは、正八角形と正十角形の場合を思い出して、一般形を考えていきましょう。

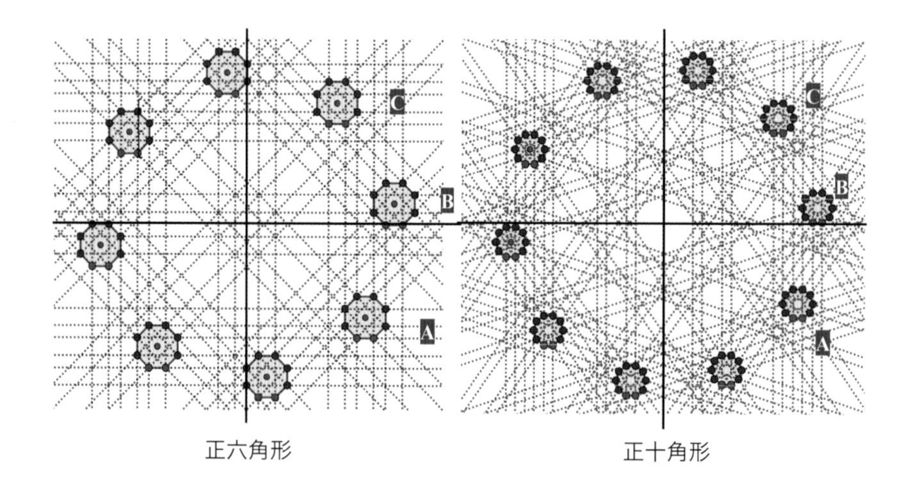

正六角形　　正十角形

■正n角形の場合（nは偶数）

$$\begin{cases} \text{AB間} \quad R\cos\alpha - R\cos\left(-\dfrac{360^\circ}{n}+\alpha\right) = L \quad \cdots\cdots ① \\ \text{AC間} \quad R\cos\left(-\dfrac{360^\circ}{n}+\alpha\right) - R\cos\left(\dfrac{360^\circ}{n}+\alpha\right) = L \quad \cdots\cdots ② \end{cases}$$

$\dfrac{360^\circ}{n} = N$ とおくと、

$$\begin{cases} R\cos\alpha - R\cos(-N+\alpha) = L \quad \cdots\cdots ① \\ R\cos(-N+\alpha) - R\cos(N+\alpha) = L \quad \cdots\cdots ② \end{cases}$$

三角関数の加法定理より、

$\cos(\alpha - N) = \cos\alpha\cos N + \sin\alpha\sin N$

$\cos(\alpha + N) = \cos\alpha\cos N - \sin\alpha\sin N$　だから

②より　$2R\sin\alpha\sin N = L$

$$R\sin\alpha = \frac{L}{2\sin N} \quad \cdots\cdots ③$$

①③より　$R\cos\alpha - R\cos\alpha\cos N - R\sin\alpha\sin N = L$

$$R\cos\alpha(1-\cos N) - \frac{L}{2} = L$$

$$R\cos\alpha = \frac{3L}{2(1-\cos N)} \quad \cdots\cdots\cdots \text{④}$$

③と④より

$$R^2 = \left[\frac{L}{2\sin N}\right]^2 + \left[\frac{3L}{2(1-\cos N)}\right]^2$$

$$R = \frac{L\sqrt{2(1+\cos N)(5+4\mathrm{con}N)}}{2\sin^2 N}$$

正ｎ角形の場合（ｎは偶数）

L：重心間の最短距離　N：外角の大きさ

$$R = \frac{L\sqrt{2(1+\cos N)(5+4\mathrm{con}N)}}{2\sin^2 N}$$

$$= \frac{\left\{1+\sum_{k=1}^{\alpha}\cos\left[\frac{360^\circ}{n}\times k\right]\right\}\sqrt{2\left(1+\cos\frac{360^\circ}{n}\right)\left(5+4\cos\frac{360^\circ}{n}\right)}}{2\sin^2\frac{360^\circ}{n}}$$

ただし、αは、$\alpha < \frac{n}{4}$ を満たす最大の整数とする。

では、実際に正しいか、正六角形の場合で確かめてみましょう。

【正六角形の場合】

$6 \div 4 = 1.5$ より $\alpha = 1$　　$N = 60^\circ$

$$L = 1 + \cos 60^\circ = \frac{3}{2}$$

$$R = \frac{3 \times \sqrt{2 \times (1 + \cos 60^\circ)(5 + 4 \mathrm{con} 60^\circ)}}{2 \times 2 \sin^2 60^\circ}$$

$$= \frac{3 \times \sqrt{2 \times \left(1 + \frac{1}{2}\right)\left(5 + 4 \times \frac{1}{2}\right)}}{2 \times 2 \times \left(\frac{\sqrt{3}}{2}\right)^2}$$

$$= \sqrt{21}$$

一番最初に、苦労して計算して求めた$\sqrt{21}$（p. 169）と同じ値になりました。他の多角形でも試してみましたが、間違いなさそうです。

ようやく、長年の課題を解決することができました。先のもやもやがスッキリです。これまで、私の道楽に長らくお付き合いいただきまして、本当にありがとうございました。

導き出した式とその説明だけでしたら、これほど頁数を要しません。あえて、計算の途中を記したのは、結果よりもむしろ、ここに至るまでの奮闘ぶりをお伝えしたかったからです。実際、最初は、道具として重要な三角関数の公式さえも忘れていたこともあり、一つ一つ確認しながらの作業でした。また、お気付きと思いますが、実際にやってみて後から不具合に気付いたり、より簡単に求める方法に気付いたりしたこともありました。さらには、計算の間違いに気付かず途中で停滞したりと、まだまだ紙面では書き表せていない紆余曲折がありました。

それでも諦めずに何とか続けてこられたのは、その所々で些細なことかもしれませんが、新しい気付きや発見があったからです。これぞ、算数・数学でしか味わえない醍醐味だと思います。

さらに、作図ツールで実際に作図し、仮説検証ができたことも大きな力となりました。ですから、探求活動には、ICT は欠かせないツールと言えます。これからも ICT を積極的に活用し、大いに算数・数学を楽しんでいきたいものです。

早速、導き出した公式を活用して、正三角形から正二十角形までの R（最短半径）が、どのように変化していくのか、グラフにしてみました。一つ道具（公式）を手にすると、また、やってみたいことが増えていくものです。

※ R は、小数第２位までの概数としました。

正 n 角形	3	4	5	6	7	8	9	10	11	12
R の値	1.58	1.58	3.60	4.58	8.41	8.79	16.33	16.73	28.14	26.60
	13	14	15	16	17	18	19	20	21	……
	44.61	41.73	66.53	59.52	91.93	84.20	129.76	98.74	172.62	……

グラフにすると、変化にも特徴があるのが分かりますね。

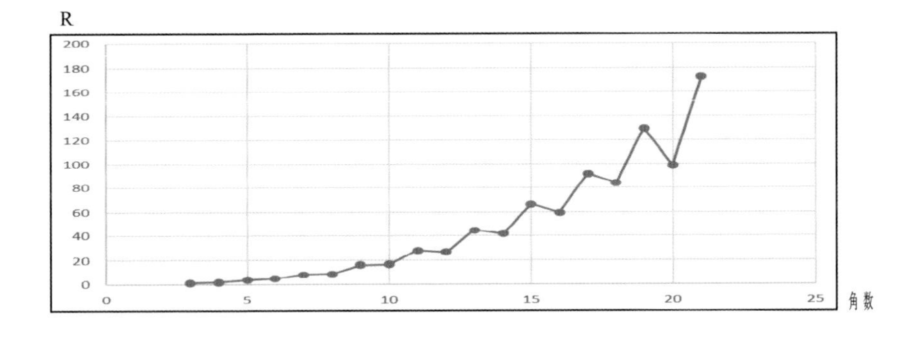

小話55　子どもともっと楽しく！　算数・数学を！

「数学的な見方・考え方」

古い資料の中から、もう10年以上も前のことですが、『茨城新聞』の「教師の広場」に掲載していただいた原稿が出てきました。そのタイトルが「算数のたのしさ」でした。まさにこの小話にぴったりの話ではないですか。早速、読み返してみると、当時の教室と共に子どもたちのやりとりが鮮やかに蘇ってきました。不思議なものですね。それでは、原稿をもとに当時の様子を再現してみましょう。

9の段
9 × 1 = 9
9 × 2 = 18
9 × 3 = 27
9 × 4 = 36
9 × 5 = 45
9 × 6 = 54
9 × 7 = 63
9 × 8 = 72
9 × 9 = 81

ある朝、いつものように教室に向かう階段を登っています。階段には、いつものかけ算九九が貼られています。その日に限って、9の段を見たときに、面白いことに気が付いたのです。

当時は、何も知らなかったので、本当に驚きでした。この驚きを子どもたちと共有したいと思い、早速、教室に入るやいなや黒板に9の段を書き、そこにいた何人かの子どもに、「何か気が付いたことはないかな？」と投げかけてみたのです。

すると、いろいろ気付いたことを話している中で、1人の子が「答えの1の位と10の位をたすといつも9になっている！」と興奮して話し始めたのです。すると周りからも驚きの声が上がったのです。

その後、何気なく「この後は、どうなのかな？」と言って、一旦、教室を離れ、戻ってきたときのことです。さっき規則に気付いた子を取り囲むように、クラスの子全員が黒板に注目しているのです。何をしていたかというと、私が先ほど書いた九九の後に、9 × 10 = 90、9 × 11 = 99、9 × 12 = 108……と2人の子が黒板に書き続けていたのです。

$9 \times 10 = 90$
$9 \times 11 = 99$
$9 \times 12 = 108$
$9 \times 13 = 117$
$9 \times 14 = 126$
$9 \times 15 = 135$
$9 \times 16 = 144$
$9 \times 17 = 153$
$9 \times 18 = 162$
$9 \times 19 = 171$

$9 \times 20 = 180$
$9 \times 21 = 189$
$9 \times 22 = 198$
$9 \times 23 = 207$
$9 \times 24 = 216$
$9 \times 25 = 225$
$9 \times 26 = 234$
$9 \times 27 = 243$
$9 \times 28 = 252$
$9 \times 29 = 261$

$9 \times 30 = 270$
$9 \times 31 = 279$
$9 \times 32 = 288$
$9 \times 33 = 297$
$9 \times 34 = 306$
$9 \times 35 = 315$
$9 \times 36 = 324$
$9 \times 37 = 333$
$9 \times 38 = 342$
$9 \times 39 = 351$

$9 \times 40 = 360$
$9 \times 41 = 369$
$9 \times 42 = 378$
$9 \times 43 = 387$
$9 \times 44 = 396$
$9 \times 45 = 405$
$9 \times 46 = 414$
$9 \times 47 = 423$
$9 \times 48 = 432$
$9 \times 49 = 441$

朝自習の時間でしたが、そのまま２人には続けさせました。ようやく $9 \times 100 = 900$ まできたときです。教室全体に、大きな拍手が起きました。探求心を持ち、粘り強く夢中で取り組む子、それを温かく見守っている学級の子どもたち、皆が輝いて見えました。

その後、ある子の「$9 \times 987 = 8883$ で、たし合わせると27で、９の段になる！」の発言がきっかけで、「９をかけた数のそれぞれの位の数をたし合わせると、いつでも９の段の数になる」との仮説を立てた探究活動が始まりました。いつの間にか、１時間目の授業が算数の時間になったことは言うまでもありません。

当時の原稿には、『算数は、みんなで取り組み、新しい発見があるから楽しいのである。これからも算数の面白さに触れ、考え追求することを楽しめる子を育てていきたい。』と結んでありました。恥ずかしながら、原稿を読み返してみて、当時からの思いは変わってはいないことを確認することができました。

かけ算九九の９の段から出発して、「どんなに大きな９の倍数であっても、それぞれの位の数の和は、いつも９の倍数になる」ことを発見できたことは、子どもたちにとって貴重な体験となりました。また、数の不思議さに触れることもできました。同時に、発見の面白さを感じとった子も少なくなかったことでしょう。

さて、この事実から、皆さんはこの次にどうされますか？　近くに電卓をお持ちでしたら、早速、試したくなりますよね。

例えば、桁数を増やしてみるとか。

$9 \times 1 = 9$
$9 \times 12 = 108$
$9 \times 123 = 1107$
$9 \times 1234 = 11106$
$9 \times 12345 = 111105$
$9 \times 123456 = 1111104$
$9 \times 1234567 = 11111103$
$9 \times 12345678 = 111111102$
$9 \times 123456789 = 1111111101$
$9 \times 1234567890 = 11111111010$

この並びにも
規則性が感じられて
面白いですね。

さて、この次はどうなっていくのでしょう？

でも、子どもと同じ規則性の発見だけで終わっては、何かスッキリしませんね。この現象を演繹的に説明できないものでしょうか。

では、文字を使って説明してみましょう。

9をかけ合わせた数が、仮に3桁の整数となったとします。

その3桁の整数を、$100a+10b+c$（a、b、c は整数、ただし $a \neq 0$）とおきます。

すると

$$100a+10b+c = 99a+9b+(a+b+c)$$
$$= 9(11a+b)+(a+b+c)$$ となります。

ここで、仮定より左辺が9の倍数なので、a+b+c も9の倍数となります。桁数が増えても、同じように説明することができますね。

「考え、追求することを楽しめる子」を育てていきたいとの思いはあっても、これまでどれだけ達成できたのか疑問です。今後とも、初心を忘れず、子どもや教材に向き合っていきたいものです。

おわりに

当初、小話を20くらい書ければと思い始めたのですが、ここまで書き進めることができました。これも、お忙しい中、そのときどきに見ていただいた先生方の後押しがあったからです。本当にありがとうございました。改めてお礼申し上げます。

当初は、書きたいことが次から次と頭に浮かび、すぐに30話ほどになりました。ところが、その後は話題を探すために、これまでの実践を振り返る時間が多くなりました。これがきっかけとなり、幸いにも忘れかけていた遠い昔の出来事や授業実践を思い出す機会にもなりました。

ただ、こうして振り返ると、これからの先生方に少しでも参考となればと思い書き始めたのですが、いつの間にか自分自身がまた算数・数学を楽しんでいたようです。結果、算数・数学好きの一教師の勝手きままな体験記となってしまいました。ですから、内容はともかく、こんな先生もいるんだったら、もっと気楽に「算数・数学を楽しもう！」と思っていただけたら嬉しく思います。

特に若い先生方にとって、これらの小話の中で何か一つでもきっかけとなり、さらに算数・数学への関心を深められ、これまで以上に深く教材と向き合い、子どもたちと楽しく授業を創る力となれば、これ以上の喜びはありません。これからの先生方の授業に思いを馳せながら、ひとまず筆を擱くことにします。

今後ともコツコツ小話を集め、できれば100話を目指したいのですが、さて、どうなることでしょうか。今後ともご支援をいただけたら嬉しいです。

令和４年７月　吉日

子どもたちの活気みなぎる　みどりの学園義務教育学校にて

岡澤　宏

岡澤　宏（おかざわ　ひろし）

1960年生まれ（茨城県）
東京学芸大学（昭和58年卒業）
上越教育大学大学院（平成10年修士課程修了）

［歴任校］
稲敷市立（旧桜川村立）桜川中学校
龍ケ崎市立龍ケ崎西小学校
阿見町立実穀小学校（平成30年閉校）
阿見町立君原小学校
つくば市立筑波西中学校（平成30年閉校）
つくば市立みどりの学園義務教育学校（平成30年開校）
開校年度より勤務し、退職（令和２年）後、再任用で現在に至る。

算数・数学の面白小話

2023年２月７日　初版第１刷発行

著　者　岡澤　宏
発行者　中田典昭
発行所　東京図書出版
発行発売　株式会社 リフレ出版
〒112-0001　東京都文京区白山 5-4-1-2F
電話（03）6772-7906　FAX 0120-41-8080
印　刷　株式会社 ブレイン

ISBN978-4-86641-591-8 C0041
Printed in Japan 2023